DIE BESTEN **KUNSTFLUGTEAMS** DER WELT

Horst W. Laumanns

Motor
buch
Verlag

Einige der Besten in ungewohnter Formation (v.l.n.r.): die kanadischen Snowbirds, die Red Arrows aus Großbritannien, die Thunderbirds der USAF sowie die Blue Angels der US Navy. Das Bild entstand 2008 anlässlich des 400-jährigen Bestehens der kanadischen Provinz Quebec. (Foto: U.S. Air Force)

VORWORT

Im folgenden Buch präsentiere ich 30 berühmte Kunstflugteams rund um die Welt: ihre Geschichte, ihre Piloten, ihre Fluggeräte – und ihre spektakulären Kunstflugprogramme. Faszinierende Fotos führen hautnah an das turbulente, dynamische Geschehen der Akrobaten der Lüfte, offenbaren die Teamarbeit in der Luft und am Boden sowie die technischen Daten der Fluggeräte. Dieses Buch ist ein Muss für all jene, die sich für militärische Kunstflugdarbietungen begeistern. Bildmaterial, wie man es üblicherweise nicht zu sehen bekommt, entführt in die Welt der Akrobaten der Lüfte und ihrer Fluggeräte und macht dieses Buch zu einem zeitlosen Werk.

Flugvorführungen und Flugtage sind so alt wie die Luftfahrt selbst. Die Aufstiege von Ballonen im 19. Jahrhundert und die Pionierflüge der Gebrüder Wright, von Baldwin und McCurdy wurden mit atemlosem Interesse verfolgt. Tausende strömten zusammen und applaudierten den Luftfahrern bei ihren waghalsigen Bemühungen, den Ärmelkanal zu überqueren und Tausende von Menschen in der Alten und in der Neuen Welt zitterten und erschauerten bei den mutigen Männern und Frauen, die in den 1920er- und 1930er-Jahren den Nordatlantik erfolgreich überquerten – oder scheiterten.

Der moderne militärische Formationskunstflug ist Teamwork – anspruchsvoll und spannend, erfordert höchstes fliegerisches Können, verlangt äußerste Disziplin und Konzentration, Vertrauen und bedingungslose Kameradschaft. Damit der Leader (Formationsführer) eine bestimmte Maschine seines Verbandes direkt ansprechen kann, sind die verschiedenen Positionen mit Nummern versehen.

Der Führer (Leader) trägt immer die Nummer 1, die nach außen rechts gestaffelte Maschine die Nummer 2 und wird als Right Wing (rechter Flügelmann) bezeichnet. Die nach links gestaffelte Maschine trägt die Nummer 3 (Left Wing = linker Flügelmann). Der Slotman (die Maschine dazwischen) trägt die Nummer 4. Sind die Formationen größer (z. B. Siebener-Formation), tragen die rechts fliegenden Maschinen die Nummern 2, 4 und 6, während die Maschinen der linken Seite die ungeraden Nummern 3, 5 und 7 führen.

Sämtliche Begriffe und alle Formen des militärischen Formationskunstfluges zu erklären, würde den Rahmen dieses Buches sprengen. Ich beschränke mich daher auf die notwendigen Erklärungen zum allgemeinen Verständnis, damit sich Stil und Technik dieser faszinierenden Luftakrobatik erschließen. Erzählt werden die Geschichten und Besonderheiten ausgewählter militärischer Teams, ihre Flugvorführungen und -programme sowie ihre Fluggeräte.

Was die ausgewählten Teams und ihre handverlesenen Piloten und Pilotinnen schon beim Start und am Himmel bis hin zu spektakulären Landemanövern bieten, ist einzigartig und das Ergebnis harter Arbeit, ständigen Trainings und begnadeten fliegerischen Könnens. Technisch, psychisch und physisch außergewöhnlich anspruchsvoll, erreichen die Männer und Frauen im Cockpit sowie ihre Flugzeuge und Hubschrauber beim Formationskunstflug oft die Grenzen der körperlichen und technischen Belastbarkeit.

So wünsche ich nun viel Spaß beim »Mitfliegen« und gute Lektüre.

Ihr Horst W. Laumanns

Am Seitenleitwerk tragen die Maschinen der Roulettes das »R« als Symbol ihres Teams. Abgebildet eine PC-9/A. (Quelle: RAAF Roulettes, Urheber: FotoSleuth)

AUSTRALIEN **ROULETTES**

Außerhalb Australiens und Südostasiens ist die Geschichte der Formationskunstflugteams der RAAF (Royal Australian Air Force, gegründet am 31. März 1921) kaum bekannt. Allerdings soll schon 1938 eine erste Mannschaft geflogen sein, deren Programm etwa dem Stand der damaligen europäischen Kunstflugstaffeln entsprach.

Wie bei fast allen größeren Luftwaffenverbänden entstehen auch in Australien nach 1945 immer wieder kleine Mannschaften, die sich jedoch nach wenigen Flugtagen schnell wieder auflösen. Meist haben sie kaum mehr als regionale Bedeutung und erreichen nicht den Status eines offiziellen Kunstflugteams.

Diese Situation ändert sich erst, als die heute noch bestehenden Roulettes im Dezember 1970 auf dem RAAF-Stützpunkt Point Cook an die Öffentlichkeit treten. Schnell werden sie zu einer ständigen Einrichtung und erhalten 1972 den Status als offizielles Aerobatic Team der RAAF. Flogen sie anfangs noch mit Macchi MB-326, so können sie 1989 auf Pilatus PC-9/A umrüsten. Inzwischen fliegen die Roulettes die erheblich leistungsstärkere Pilatus PC-21.

März 2019: Die Pilatus PC-21 (A54-022) bei der Australian International Airshow. (Foto: Bidgee)

GESCHICHTE

Mit Blick auf die für 1971 geplanten Feiern zum 50-jährigen Bestehen der australischen Luftwaffe werden die Roulettes 1970 auf der Central Flying School (CSF) der RAAF in East Sales (Victoria) gegründet und dort stationiert. Bereits zwei Jahre später erhalten sie den Status des offiziellen Formationskunstflugteams der RAAF.

Bei ihrer Gründung mit vier Macchi MB-326 ausgestattet, wächst ihr Bestand 1974 auf fünf und 1981 sogar auf sieben Maschinen an. Dieser Ausrüstung können sich die Roulettes aber nur kurz erfreuen, denn schon 1982 wird dies aus Kostengründen wieder auf fünf Maschinen reduziert. Ende der 1980er-Jahre mussten sie ihre Flugstunden sogar drastisch kürzen, weil bei den MB-326 früher als erwartet bedrohliche Materialermüdung auftrat. Mit der Pilatus PC-9 war zwar schnell eine Nachfolgerin gefunden, aber bis die Ersatzmaschinen verfügbar waren, verblieben den Roulettes nur zwei MB-326 für ein begrenztes Trainingsprogramm.

Ende 1989 ist das Team wieder komplett und betreibt seitdem sieben PC-9/A (sechs für das Flugprogramm plus eine Ersatzmaschine). Bei ihren Vorführungen müssen sich die Roulettes natürlich an den lokalen Wetterbedingungen orientieren. Bei schlechtem Wetter und niedriger Wolkendecke reduzieren sie ihr Programm auf nur zwölf Minuten und eine begrenzte Zahl von Formationen und Manövern in geringer Höhe. Bei klarem, gutem Wetter absolvieren sie ihr komplettes, ungefähr 15 Minuten dauerndes und aus 18 Manövern bestehendes Programm. Charakteristisch und einzigartig ist die typisch australische Vierer-Formation »Boomerang«.

TEAM

Alle Piloten sind hochqualifizierte Fluglehrer der Central Flying School und können meist 3000 bis 4000 Flugstunden auf Hochleistungsflugzeugen nachweisen. Von den Roulettes aufgenommen zu werden gilt als ganz besondere Auszeichnung und verlangt höchstes fliegerisches Können und außerordentlich gute physich-psychische Konstitution! Körperlich müssen die Piloten natürlich topfit sein. Schließlich müssen sie bei ihren Vorführungen Belastungen von 4 bis 5 g und bei einigen individuellen Manövern sogar bis zu 6 g ertragen.

Wird bei den Roulettes eine Stelle frei, müssen die Bewerber mit dem Team-Leader einen Eignungsflug absolvieren. Und es ist letztendlich auch der Team-Leader, der über Aufnahme oder Ablehnung entscheidet.

Wie bei Kunstflugteams rund um den Globus allgemein üblich, beginnt die Grundausbildung des Neulings mit einer dreimonatigen intensiven Kunstflugschulung mit verhältnismäßig leichten Manövern in größeren Höhen (etwa 1220 m), wie Loopings, Rollen in »Echelon«- oder »Trail«-Formation, die dann Schritt für Schritt zu komplizierteren, anspruchsvolleren und in engeren Formationen wie »Line Abreast« überleiten und schließlich zu Sechser-Formationen führen.

»Australia Day«: Am 26. Januar 2014 erscheinen die Roulettes – hier in »Wedge«-Formation – über der Innenstadt von Melbourne. (Foto: Chris Phutully)

Pilatus PC-9/A. (Quelle: RAAF Roulettes, Urheber: FotoSleuth)

Auch die Solo-Piloten »Roulette Five« und »Roulette Six« beherrschen ihre Kunst. (Foto: FotoSleuth)

Auszug aus dem 18 Formationen bzw. Manöver umfassenden Programm mit PC-9/A: In enger Formation, »Line Abreast«. (Foto: FotoSleuth)

Werden all diese Übungen optimal beherrscht, können die Trainingsflüge auf rund 300 m und schließlich auf die niedrigste Vorführhöhe (Mindestsicherheitsniveau) von 80 m herabgesetzt werden. Bei Geschwindigkeiten von bis zu 460 km/h sind die Maschinen oft nur 3 m voneinander entfernt.

Erst wenn der »Neuling« ungefähr 70 Flüge in Sechser-Formation zur Zufriedenheit des Leaders absolviert hat, darf er an öffentlichen Veranstaltungen teilnehmen. Mitglied des Roulettes-Teams zu sein, bedeutet aber nicht, dass die Piloten von ihren Ausbildungspflichten als Fluglehrer entbunden sind. Zuerst kommt der »normale« Dienst als Fluglehrer und erst dann können/dürfen sie ihr Flugprogramm trainieren.

Jährlich erscheinen die Roulettes bei etwa 150 Flugvorführungen in der Heimat und in befreundeten südostasiatischen Ländern. Eine Flugschau-Jahressaison dauert gewöhnlich sechs Monate und die Piloten dienen dem Team im Allgemeinen drei Jahre, bevor die RAAF ihnen neue Aufgaben zuweist. Ihre Ground Crew rekrutieren die Roulettes aus erfahrenen Technikern der Central Flying School.

Von den sieben Piloten sind sechs hauptberufliche Fluglehrer. »Roulette 7« dient als PR-Offizier, erledigt administrative Aufgaben, kommentiert als Sprecher die Flugvorführungen, filmt die Formationen und Manöver seiner fliegenden Kameraden und während der Tournee überführt er die Ersatzmaschine.

In ihrer ersten Saison fliegen die Neulinge auf den Positionen »Roulette Two«, »Roulette Three« oder »Roulette Four«, während die »alten Hasen« auf den Positionen »Roulette Five« und »Roulette Six« agieren. »Roulette One« ist logischerweise der Team-Leader.

Die Flugzeuge der Roulettes sind in rot-blauer Farbe lackiert, tragen auf dem weißen Seitenleitwerk ein großes »R« und auf Rumpf-/Flügel-Unterseite als Ausschnitt aus der Flagge ihres Heimatlandes Australiens das Sternbild »Kreuz des Südens«. Abgebildet eine PC-9/A. (Quelle: RAAF Roulettes, Urheber: FotoSleuth)

Die hohen Ausstattungs- und Leistungsmerkmale der PC-21 ermöglichen ein Schulungsspektrum für Anfänger-, Fortgeschrittenen- und Kampfpilotentraining, wie es bislang ausschließlich Jets vorbehalten war. Die Roulettes betreiben das Muster seit Anfang 2019. (Foto: Bidgee)

DAS FLUGZEUG

Mit der PC-7 aus den 1970er-Jahren und der 1984 erstmals geflogenen PC-9 etablierte sich Pilatus als führender Hersteller von Schulflugzeugen. Leistungsstarke Konkurrenten (Raytheon, Embraer) zwangen Pilatus zu Studien über zukünftige Ausbildungskonzepte, in denen eine kostengünstige Turboprop ein weites Spektrum abdecken sollte. Viel Aufmerksamkeit verwendeten Pilatus' Ingenieure darauf, mit einer neu zu konstruierenden Maschine ein ultimatives kostengünstiges Trainingssystem zu schaffen und den Flugschülern einen nahtlosen Umstieg auf Kampfjets der neuen Generation zu ermöglichen.

Umfangreiche Studien – unter anderem mit modifizierten PC-7 – führten schließlich zur PC-21. Der Bau des ersten Prototyps lief 2001 an. Nach erfolgreichem Jungfernflug am 1. Juli 2002 hob das erste seriengefertigte Flugzeug am 29. August 2005 ab. Erstkunde war Singapur, die Schweizer Luftwaffe zog am 22. Januar 2007 nach und schließlich orderte auch Australiens Luftwaffe 49 PC-21, deren Auslieferung im Juni 2017 begann.

Auch in der australischen Luftwaffe erkannte man, dass die PC-21 für einen Flugschüler der ersten Stunde gutmütig und einfach zu fliegen ist, einem ausgebildeten Piloten genügend Herausforderungen bietet und sich sogar als ideale Plattform für ihre Roulettes anbot.

Anfang 2019 rüsteten die Roulettes daher von ihren altbewährten PC-9/A auf die leistungsgesteigerte PC-21 um. PC-21 dienen der Central Flying School als Fortgeschrittenentrainer und den Roulettes – mit Rauchanlage – für ihre Luftakrobatik.

PC-21 Turbo Trainer	
Hersteller	Pilatus Flugzeugwerke AG, Stans/Schweiz; Lizenzfertigung in Australien durch Hawker de Havilland
Typ	zweisitziges Schulflugzeug
Spannweite	9,11 m
Länge	11,23 m
Höhe	3,75 m
Triebwerk	Propellerturbine Pratt & Whitney Canada PT6A-68B
Triebwerkleistung	1200 kW
Leermasse	2280 kg
Startmasse bei Kunstflugeinsätzen	3100 kg
Geschwindigkeit	685 km/h
Steigrate	20,78 m/s
Startstrecke über 15 m Hindernis	725 m
Landestrecke über 15 m Hindernis	900 m
Dienstgipfelhöhe	11.580 m
Reichweite	1330 km
Propeller	Hartzell Fünfblatt-Propeller aus Karbonfaser-Verbundwerkstoff
Zellenbelastung	+8/-4 g

7. September 2011. Zur Feier des brasilianischen Nationalfeiertags erscheinen auch die »Raucher«. (Foto: dilmarousseff)

BRASILIEN **ESQUADRILHA DA FUMAÇA**

Außerhalb Südamerikas ist vielen Flugbegeisterten kaum bewusst, das der Formationskunstflug in Brasilien auf einer jahrzehntelangen Tradition basiert. So reichen die Ursprünge der heutigen Esquadrilha da Fumaça zurück bis in die 1950er-Jahre. 1982 als Esquadrão de Demonstração Aérea (EDA) offiziell zur Formationskunstflugstaffel der brasilianischen Luftstreitkräfte ernannt, etablierte sich das Team zum idealen Botschafter Brasiliens und seiner Luftstreitkräfte und ist als »Rauchstaffel« (»Fumaça« = Rauch) beliebt und wird für ihr Flugprogramm immer wieder begeistert gefeiert.

Geschichte

Es sind Fluglehrer der brasilianischen Escola de Aeronáutica in Rio de Janeiro, die zu Beginn der 1950er-Jahre ein spezielles Ausbildungsprogramm mit vier Trainingsflugzeugen des Typs North American T-6 Texan starten. Ihr Ziel ist dabei nicht die Bildung eines Kunstflugteams, sie sind lediglich bestrebt, ihre Schüler optimal auszubilden – auch im engen Verbandsflug. Nach inoffiziellen Vorstellungen bei militärischen Veranstaltungen demonstrieren die vier Texan-Piloten ihr fliegerisches Können am 14. Mai 1952 vor ausgewählten, führenden Persön-

(Foto: Joao Carlos Medau)

lichkeiten aus Militär und Gesellschaft. Höhepunkt ihres Programms ist die Rolle in »Diamond«-Formation – ein bis dato in Südamerika noch nicht vorgeführtes und folglich begeistert aufgenommenes Manöver. Dieser 14. Mai 1952 gilt inzwischen als offizieller Geburtstag der Esquadrilha da Fumaça.

Nun von der militärischen und politischen Führung gefördert, verfeinern die Piloten das Programm und lassen ihre Texan 1953 mit einer technisch zwar noch unvollkommenen, jedoch sehr wirkungsvollen Rauchanlage nachrüsten, wobei Öl aus einem unter dem Cockpit eingebauten Stauraum in die Triebwerksabgase gesprüht wird. Für propellergetriebene Kunstflugmaschinen damals absolutes Neuland!

Die Rauchfahnen betonten die Dynamik der immer spektakuläreren Manöver optisch sehr stark und fanden bei den Zuschauern begeisterten Anklang. Es verwundert deshalb nicht, dass die Truppe bald als »Raucher« bzw. »Rauchstaffel« bekannt ist. Dieser Spitzname wird von den Piloten aufgegriffen und führt schließlich zum offiziellen Namen »Esquadrilha da Fumaça«. Schnell erobern die »Raucher« nicht nur die Herzen der brasilianischen, sondern aller Flugbegeisterten in Südamerika. Aber auch die Führung der Luftstreitkräfte, Politiker und Wirtschaftsbosse erkennen, welch hoher Wert der Esquadrilha da Fumaça als Werbeträger beizumessen ist. Dennoch verstreicht mehr als ein Jahrzehnt, bis die »Raucher« von ihrer veralteten Texan 1968 auf strahlgetriebene Fouga CM-170 Magister umsteigen können. Bei der brasilianischen Luftwaffe als T-24 betrieben, werden der Esquadrilha da Fumaça sieben dieser modifizierten, zweistrahligen Schulflugzeuge französischer Produktion zugewiesen: sechs werden bei Vorführungen eingesetzt, die siebte dient als Reserve. Verbunden mit der Indienststellung der Magister ist ein neuer – und bis heute beibehaltener – Anstrich in den brasilianischen Nationalfarben Grün, Gelb, Blau.

Obschon für den Formationskunstflug optimal geeignet, war der Magister bei den brasilianischen Luftstreitkräften keine lange Karriere beschieden. Nach nur 46 Vorführungen sehen sich die »Raucher« Mitte 1970 gezwungen, ihre Jets gegen die alten Propellermaschinen zurückzutauschen. Hinter dieser Entscheidung stand die finanzielle Misere der brasilianischen Regierung, die zur Beschaffung von Kampfflugzeugen vom Typ Mirage den Franzosen ihre komplette Magister-Flotte in Zahlung geben muss.

Die »Raucher« halten noch sechs Jahre durch, bis auch sie aus finanziellen Gründen – und mit ungeeignetem Fluggerät ausgerüstet – aufgelöst werden. Nach insgesamt 1272 Vorführungen zeigen sie am 31. Januar 1976 in São Paulo zum letzten Mal ihr fliegerisches Können.

Vier Jahr lang geschieht nichts, bis sich inoffiziell ein neues Team, die »Cometa Branco«, formiert und mit Trainern des Typs Neiva T-25 Universal ausgestattet wird. In den 1960er-Jahren als Anfängerschulflugzeug konzipiert und von der brasilianischen Luftwaffe in größerer Zahl beschafft, sind diese propellergetriebenen Maschinen der Firma Sociedade Aeronáutica Neiva mit einer Höchstgeschwindigkeit von rund 300 km/h zwar nicht überragend, aber dafür preiswert und besser als gar nichts.

Esquadrilha da Fumaça aktuell

Weitere Jahre vergehen, bis die »Raucher« endlich auf moderne und leistungsstarke Flugzeuge umrüsten können. Der brasilianische Flugzeugbauer EMBRAER (Empresa Brasileira de Aeronáuticas S.A.) ist einer der größten Exporteure Brasiliens, drittgrößter Flugzeugbauer der Welt und erkennt – endlich – als welch großartiger Werbeträger die Staffel dienen kann und stellt ihr ab September 1983 modifizierte Schulflugzeuge EMB-312 T-27 Tucano zur Verfügung. Dieser Trainertyp wird von einer Propellerturbine angetrieben und zeigt sich für den Formationskunstflug optimal geeignet. Die T-27 lösen die abgeflogenen T-25 Universal ab, mit denen sich die »Raucher« bei insgesamt 55 Flugvorführungen präsentierten.

Am 21. Oktober 1982 wird die Esquadrilha da Fumaça offiziell als Esquadrão de Demonstração Aérea (EDA) zum Formationskunstflugteam der brasilianischen Luftstreitkräfte ernannt. Seitdem erscheinen sie immer häufiger bei Air Shows außerhalb Südamerikas. Zu ihren Auftritten zählt eine Reise nach Europa, auf der die Staffel auf dem Luftweg von Brasilien nach Portugal verlegte. Begleitet wurden die »Raucher« von einer C-130H Hercules, in der die Mechaniker befördert wurden, die auf dem Hin- und Rückflug bei Zwischenlandung in Las Palmas (Kanarische Inseln) auf die Tucanos warteten und auf Herz und Nieren prüften. Weitere Stationen der 1984er Reise waren Paris-Le Bourget und die deutsche Bundeshauptstadt Bonn.

Als Anerkennung für ihre hohen Sicherheitsstandards wird die Esquadrilha da Fumaça von der US Air Force 1985 mit dem »Flight Savety Award« ausgezeichnet.

2013 wechseln die »Raucher« von ihren EMB-312 nach mehr als 2010 Vorführungen zur noch leistungsfähigeren Embraer EMB-314 A-29B »Super Tucano«. Die ersten beiden Maschinen dieses neuen Typs haben sie bereits 2012 übernommen, dem Jahr, in dem sie auch ihren 60. Geburtstag feierten. Dank dem leistungsstärkeren Triebwerk ihrer »Super Tucano« präsentieren die »Raucher« ihr Können bei nationalen und internationalen

Flugveranstaltungen mit immer wieder verbesserten und spektakuläreren Formationen und Manövern. Besonders vom brasilianischen Publikum werden die »Raucher« frenetisch gefeiert, wenn sie mit ihren Rauchfahnen an den Himmel zeichnen: FORCA AEREA BRASIL.

Zum 30jährigen Dienstjubiläum ihres Turboprop-Trainers EMB-312 T-27 Tucano ließ die brasilianische Luftwaffe eine Maschine mit dem namensgebenden »Porträt« des Tucano versehen. Tukane leben in Mittel- und Südamerika; charakteristisch ist ihr riesiger, prächtig gefärbter Schnabel. (Foto: Marco Aurélio Esparz…)

Das Team

Von vier Fluglehrern begründet, verstärkte sich das Team 1955 durch einen fünften Piloten und im folgenden Jahr erhielten die Maschinen einen weißen Anstrich mit roten und blauen Streifen. Obwohl als »Kunstflieger« bereits sehr erfolgreich, waren die »Raucher« noch bis zum Ende der Saison 1957 in erster Linie mit der Schulung des Pilotennachwuchses der brasilianischen Luftstreitkräfte beschäftigt. Entbunden werden sie von ihrer Fluglehrertätigkeit erst 1958, als ihre »künstlerischen« Verpflichtungen Ausmaße annahmen, die mit ihrem regulären Dienst als Fluglehrer nicht mehr vereinbar sind.

Ein erster Höhepunkt in der Geschichte des Teams ist der 23. Oktober 1963. Es ist der Tag, an dem die Esquadrilha da Fumaça offiziell zum Formationskunstflugteam der brasilianischen Luftstreitkräfte (Unidade Oficial de Demonstrações Acrobáticas da Força Aérea Brasileira) ernannt und zum Militärflughafen Santos Dumont in Rio de Janeiro verlegt. Nur wenige Flugminuten vom weltberühmten Strand von Copacabana entfernt, präsentierten die »Raucher« seitdem alljährlich ihre Flugkünste vor dieser herrlichen Kulisse. Dann verstreichen fast zwanzig Jahre, bis sie erneut zur offiziellen Formationskunstflugstaffel der brasilianischen Luftstreitkräfte ernannt werden. Seit dem 21. Oktober 1982 wird die Esquadrilha da Fumaça im Verband der brasilianischen Luftstreitkräfte offiziell als Esquadrão de Demonstração Aérea (EDA) geführt.

Die sieben Maschinen der Esquadrilha da Fumaça sind exakt ausgerichtet und bereit zum Start. (Foto: Rafael Luiz Canossa)

Von den elf Piloten des Teams nehmen nur sieben an den Flugvorführungen teil und erlauben somit eine Art »Job Rotation«, das heißt: Jeder kommt mal an die Reihe. (Foto: Agência Brasial Fotografias)

Das Flugzeug

Als Mitte der 1970er-Jahre die ersten leistungsstarken Trainer mit Turboprop-Antrieb auf den Markt kommen, wittert auch Embraer in dieser Kategorie gute Absatzchancen und startet 1978 die Entwicklung der EMB-312. Sie sollte mit stärkerem Triebwerk, jet-ähnlichen Flugeigenschaften, umfassender Cockpitinstrumentierung, zweisitzig ausgelegt, Schleudersitzen und brauchbarer Waffenfähigkeit ein weites Einsatzspektrum abdecken und die Konkurrenten überflügeln.

Anfang Dezember 1978 orderte die brasilianische Luftwaffe zunächst zwei Prototypen und schon am 16. August 1980 startete die erste Tucano in São José dos Campos zum Jungfernflug. Die Prototypen Nummer zwei und drei kamen am 10. Dezember 1980 bzw. 16. August 1982 in die Luft.

Ab September 1983 liefert Embraer die EMB-312 T-27 an die Força Aérea Brasileira, wobei zunächst das Kunstflugteam Esquadrilha da Fumaça ausgerüstet wird.

Schnell wird die T-27 zum Verkaufsschlager und wird nicht nur von südamerikanischen Luftstreitkräften beschafft, sie gelangt in Lizenzfertigung nach Großbritannien und wird nach Frankreich, Afrika, sowie den Nahen und Mittleren Osten exportiert.

Als bewaffnetes Erdkampfflugzeug trägt die Tucano die Bezeichnung AT-27. Zur Anfängerschulung ist das Cockpit so ausgelegt, dass es dem Flugschüler ein Gefühl wie in einem Düsenflugzeug vermittelt und den späteren Umstieg auf strahlgetriebene Kampfflugzeuge erleichtert. Triebwerksleistung und Propellerblattsteigung lassen sich mit einem einzigen Hebel regeln. Der rückwärtige Sitz für den Fluglehrer ist höher angeordnet.

Im August 1995 ordert die brasilianische Luftwaffe mit der EMB-312H Super Tucano eine völlig überarbeitete Ausführung des Musters, die schließlich zum Trainer EMB-314 A-29 Super Tucano führt.

Von den Trainern und Erdkampfflugzeugen der brasilianischen Luftwaffe unterscheiden sich die Maschinen durch ihren auffälligen Anstrich in den brasilianischen Nationalfarben und ihre Anlage zur Erzeugung farbiger Rauchfahnen.

EMB-314 A-29 Super Tucano	
Hersteller	Embraer
Typ	zweisitziges Schulflugzeug
Spannweite	11,14 m
Länge	11,42 m
Höhe	3,90 m
Triebwerk	Pratt & Whitney Canada PT6A-68A
Triebwerkleistung	970 kW
Startmasse	3600 kg
Höchstgeschwindigkeit	557 km/h
Startstrecke	350 m
Dienstgipfelhöhe	10.670 m
Überführungsreichweite	2770 km

LYCOMING
LYCOMING
LYCOMING

CHILE
HALCONES

Organisatorisch bei der chilenischen Luftwaffe (Fuerza Aérea de Chile) offiziell als »Escuadrilla de Alta Acrobatica Halcones« geführtes Formationskunstflugteam ist allgemein einfach als Halcones (Falken) bekannt.

Bei seiner Gründung 1981 wird das Team von der chilenischen Luftwaffe mit Kunstflug-Doppeldeckern des Typs Pitts S-2A und S-2S ausgestattet. Ihre Piloten sind Angehörige der chilenischen Luftwaffe, die – nach strengen Regeln ausgewählt – auf freiwilliger Basis bei den Halcones fliegen. Schnell erwarben sich die Falken einen hervorragenden Ruf. Und dies nicht nur in Südamerika, sondern zeigten ihr fliegerisches Können mit ihren Pitts Special auch schon bald in England (1987 und 1989) und Belgien (1989).

Nachdem sie ihre Pitts Anfang 1990 ausgemustert hatten, richteten die chilenischen Falken – wie die die Royal Jordanian Falcons – ihren Blick auf das für seine Hochleistungsflugzeuge bekannte deutsche Unternehmen EXTRA Flugzeugproduktions- und Vertriebs-GmbH. Begeistert von dem bei EXTRA Mitte der 1980er-Jahre entwickelten Hochleitungsflugzeug (Sport- und Kunstflug), beschafft die chilenische Luftwaffe 1990 als Nachfolgerinnen für die Pitts Special für ihre Halcones die Extra 300.

Kontrolle und Wartung sind lebenswichtig. (Fotos: Agencia de Noticias ANDES)

12. Mai 2012. Zum 60. Geburtstag der Esquadrilha da Fumaça gratulieren die Halcones. (Fotos: MARCO AURÉLIO ESPARZ…)

Angetrieben von einem 6-Zylinder Textron-Lycoming AEIO-540-L, erreicht die Extra 300 eine Höchstgeschwindigkeit von 407 km/h. Chiles Falken präsentieren sich mit ihren Extra 300 bei rund 400 Veranstaltungen im In- und Ausland und sind beispielsweise 1993 und 2002 Gäste der Royal International Air Tattoo (RIAT). Aber im Mai 2012 mustern die Halcones ihr Extra 300 aus und wechseln im März 2003 auf leistungsgesteigerte Tiefdecker Extra 300L.

Zahlreiche Ehrungen beweisen die großartige Flugakrobatik der Halcones. So erhielten sie beispielsweise 1993 bei der RIAT als bestes ausländisches Team den »Sir Douglas Bader«-Preis für die beste individuelle Vorführung, und fünf Jahre später bei der ersten Patrouillenkunstflug-Weltmeisterschaft zum 100. Jubliäum des Aeroclub de France, den »Ives Duval«-Preis als »Best of the Best«.

Aktuell besteht das Team aus neun Piloten. Eines ihrer Markenzeichen ist die Darstellung der chilenischen Flagge mit ihren Rauchfahnen.

Das Flugzeug

Von den Halcones seit März 2003 geflogene Tiefdecker Extra 300L basiert auf dem Sport- und Kunstflugzeug Extra 300. Die Extra 300 flog als Prototyp erstmals am 6. Mai 1988. Größer als ihre Vorgängerin Extra 230, war sie mit Tandemsitzen ausgerüstet und wurde von einem stärkeren Boxermotor angetrieben. Waren Trag- und Leitwerk der Extra 230 noch stoffbespannt, so erhielt die Extra 300 eine Beplankung aus Verbundwerkstoffen. Die Serienfertigung begann Ende 1988 und die Extra 300 hatte ihren Hauptabsatzmarkt auf dem zivilen Sektor, fand aber auch militärische Betreiber, wie Halcones, Royal Jordanian Falcons und die »Equipe de Voltige« der französischen Luftwaffe.

Extra 300L im Hangar, präsentiert zum 60. Geburtstag der Esquadrilha da Fumaça. (Foto: MARCO AURÉLIO ESPARZ…)

Extra 300L	
Hersteller	EXTRA Flugzeugproduktions- und Vertriebs-GmbH, Hünxe (Deutschland)
Typ	einmotoriges Kunstflugflugzeug
Spannweite	7,70 m
Länge	6,94 m
Höhe	2,62 m
Triebwerk	ein 6-Zylinder Textron-Lycoming AEIO-540
Triebwerkleistung	305 PS
Propeller	4-Blatt-Verstellpropeller MTV 9-B-C/C 200-15 in Kompositbauweise
Leermasse	672 kg
Startmasse	950 kg
Höchstgeschwindigkeit	424 km/h
Reichweite	768 km
Steigleistung	16 m/s
Dienstgipfelhöhe	4875 m
Zellenbelastung	+/- 10 g

MAKS 2013. Erster Auftritt der Kunstflugstaffel »1. August« im Ausland. (Foto: Vitaly V. Kuzmin)

VOLKSREPUBLIK CHINA
BA YI

Dass auch eine Weltmacht wie die Volksrepublik China ihre Luftwaffe eine Formationskunstflugstaffel betreiben lässt, kann nicht überraschen. Überraschend ist jedoch, dass dieses Team erst 2013 zum ersten Mal im Ausland erscheint! Gerüchteweise wurde bereits in den 1980er-Jahren bekannt, dass die chinesische Luftwaffe eine, wenn nicht sogar mehrere Kunstflugstaffeln unterhielt, die allerdings nur bei offiziellen Anlässen und nur in der Volksrepublik gesehen wurden. Eine dieser Mannschaften soll mit zwölf MiG-15UTI ausgerüstet gewesen sein, woraus westliche Spezialisten schlossen, dass es sich um ein Team der zahlreichen Fliegerschulen handeln müsste. Ebenfalls in den 1980er-Jahren wurde dann von einer Mannschaft gemunkelt, die angeblich mit neun Strahltrainern Shenjang JJ-5 (»JJ« steht für »Jianjiaoji« = Jagd-, Schulflugzeug) ausgestattet war. Ein anderes Mal wurde eine Kunstflugmannschaft mit verschiedenen Versionen des moderneren Strahltrainers Chengdu JJ-7 gesichtet – manchmal mit sieben, 1998 sogar neun Maschinen mit Rauchanlagen; alle im Standardanstrich.

Der Schleier lüftete sich erst auf der russischen Luftfahrtmesse MAKS 2013, als das offizielle Formationskunstflugteam »1. August« (chin.: Ba Yi) der Volksrepublik China erstmals

Strahltrainer Shenjang JJ-5. (Quelle: Peng Chen, Luftwaffe der Volksrepublik China)

»Black 1« und »Black 2«.

(Foto: Ministry of Defence)

ENGLAND
BLACK CATS

Die Black Cats sind die aus zwei Hubschraubern gebildete Kunstflugstaffel der Royal Navy. Im Jahr 2001 gegründet und mit Hubschraubern des Typs Lynx HMA.8 ausgerüstet, waren sie zunächst inoffiziell als »Lynx Pair« bekannt, bis sie 2004 offiziell als Black Cats zur Kunstflugstaffel der britischen Marine (Royal Navy) ernannt wurden.

Seit der Saison 2015 fliegen die Black Cats zwei AgustaWestland Wildcat HMA.2.

Diese Bordhubschrauber der Fleet Air Arm (Marineflieger) der Royal Navy werden – von Fregatten und Zerstörern operierend – für U-Jagd und Schiffzielbekämpfung sowie für Such- und Rettungsaufgaben (SAR) eingesetzt. Heimat der Black Cats ist der Flugplatz Royal Navy Air Station (RNAS) Yeovilton (Grafschaft Somerset).

Funkrufnamen der Piloten sind »Black 1« bzw. »Black 2«.

Ausgemusterte und in Portland Marina (Grafschaft Dorsetshire) ausgestellte ehemalige Sea Lynx der Black Cats. (Foto: Alan Wilson)

(Foto: William Warby)

(Foto: Tony Hisgett)

(Foto: Ministry of Defence)

(Foto: Airwolfhound)

Der Hubschrauber

Seit 2015 betreibt die Royal Navy 28 Wildcat HMA2. Diese Variante des AgustaWestland AW159 ist eine Weiterentwicklung des Westland Lynx und speziell als Bordhubschrauber für Fregatten und Zerstörer konzipiert worden. Äußerlich kann der AW195 seine Verwandtschaft mit dem Lynx nicht verbergen, ist »innerlich« jedoch in jeder Beziehung moderner gestaltet und ausgestattet sowie weitaus leistungsfähiger als der Vorgänger.

Der britischen Marine dienen die »Wildkatzen« primär zur Bekämpfung von Unter- und Überwasserzielen mit Torpedos und Wasserbomben.

In Halbschalenbauweise konstruiert, sind bei den tragenden Strukturen der Wildcat Aluminiumlegierungen und – im Heck – glasfaserverstärkte Kunststoffe verbaut worden. Beim Entwurf der AW159 hat zwar die Reduzierung der Radarsignatur (Stealth) keine primäre Funktion erfüllt, wie die kantige Konstruktion jedoch beweist, ist dieser Aspekt sowohl bei der Zelle als auch bei den Rotorblättern beachtet worden. Als Schutz gegen wärmegelenkter Flugkörper sind die Triebwerkauslässe nach oben gerichtet und werden die Auspuffgase durch Zuführung von Mischluft gekühlt.

Das Cockpit ist digital ausgestattet und als reines Glas-Cockpit gestaltet. Vier große Farbbildschirme beherrschen die Instrumentierung. Bemerkenswert ist, dass der redundant ausgelegte Bordrechner bei Gefahrensituationen automatisch die optimalen Informationen einblendet.

Wildcat HMA2	
Hersteller	AgustaWestland, Varese/Italien
Typ	Bordhubschrauber
Besatzung	1 – 2 Piloten
Breite, Rotoren unberücksichtigt	3,00 m
Hauptrotor-Durchmesser	12,80 m
Hauptrotor-Fläche	128,70 m^2
Länge, Rotoren drehend	15,24 m
Höhe (m)	3,73 m
Triebwerk	zwei Wellenturbinen LHTEC CTS800
Triebwerkleistung	jeweils 1015 kW
Kraftstofffassungsvermögen	940 Liter
Leermasse	3300 kg
max. Startmasse	6250 kg
Marschgeschwindigkeit	264 km/h
Reichweite	740 km
Überführungsreichweite	963 km
Dienstgipfelhöhe	4500 m
Flugdauer	4 Stunden
Steigrate	10,00 m/s
Schwebeflughöhe mit Bodeneffekt	2347 m
Schwebeflughöhe ohne Bodeneffekt	1523 m

Wildcat HMA2 bei der RIAT 2016. (Foto: Airwolfhound)

»Diamond Nine«, Visitenkarte und klassisches Erkennungszeichen der Red Arrows. (Foto: Neil)

ENGLAND
RED ARROWS

Zweifellos hat keine Luftwaffe der Welt zahlreichere und hervorragendere Kunstflugteams hervorgebracht als die Royal Air Force (RAF) in ihrer langen Geschichte.

Seit 1964 stehen die Red Arrows (deutsch: rote Pfeile) an der Spitze einer echt britischen fliegerischen Tradition. Offiziell »Royal Air Force Aerobatic Team« genannt, wurde ihre Tradition Anfang der 1920er-Jahre begründet. Den internationalen Formationskunstflug prägen die »Reds« bis auf den heutigen Tag. Und nicht nur das. Zuhause rühren sie die Werbetrommel für ihre Luftwaffe und ihre Traditionen. Im Ausland wirken sie als Botschafter ihres Landes, demonstrieren die technischen Fähigkeiten der britischen Luftfahrtindustrie und werben für Handel, Investitionen und sogar für Tourismus. 2019 wird das Team von Major Martin Pert geführt.

Pilot der Red Arrows.
(Foto: Peter Forsgard/SIM)

Geschichte

Der endgültige Siegeszug des Flugzeuges hatte am Himmel über den Schützengräben des Ersten Weltkriegs begonnen und die heimkehrenden »fliegenden Soldaten« schätzten ihre Maschinen als neue, himmelbeherrschende Waffen. In der Luft hatten sie im Kampf Mann gegen Mann erkannt, dass nicht todesmutige Einsatzbereitschaft allein, sondern – neben etwas Glück – das fliegerische Können und die Taktik des Piloten sowie die Leistungsfähigkeit seines Flugzeuges letztendlich über Sieg oder Niederlage entscheiden.

Kampferprobte und bewährte Ausbilder der bereits am 12. Mai 1912 gegründeten und auf dem Flugplatz Upavon Aerodrome, Grafschaft Wiltshire, beheimateten Central Flying School (CFS; Zentrale Fliegerschule) der Royal Air Force lehrten die angehenden Fluglehrer dort seit 1920 nicht nur die In den Kriegsjahren bewährten Standardmanöver, sondern suchten darüber hinaus, der stürmischen fliegerischen Weiterentwicklung mit ständig verbesserten Taktiken zu begegnen und zu folgen. Praktisch bedeutete dies, dass die Absolventen der CFS beim Verlassen der Schule aus fliegerischer Sicht – abgesehen von persönlichen Eigenheiten – im Wesentlichen über die gleichen Fähigkeiten und Kenntnisse verfügten und folgerichtig alle Voraussetzungen für den Formationskunstflug erfüllten. Dies erkennend, schuf Staffelführer C. Draper – der »verrückte Major« – 1921 das erste aus Fluglehrern formierte fünfköpfige Kunstflugteam der RAF. Sein Ziel: Demonstration des Formationskunstfluges im geschlossenen Verband. Draper sah in diesem Team das geeignete »Mittel« den Ehrgeiz seiner Kameraden anzuspornen, ihr fliegerisches Können zu verbessern, bei Flugtagen die Besucher mit – damals – waghalsigen Kunststücken zu begeistern und nebenbei auch noch für die RAF zu werben.

Major Drapers Team war nur eine kurze Saison beschert und auch den nachfolgenden erging es nicht viel besser und obwohl sich bei Flugtagen in Hendon, Englands ältestem Flugplatz nordwestlich London, Hundertausende Besucher drängten und die immer schwierigeren und immer präziseren Vorführungen der Piloten bewunderten, sollte es noch Jahrzehnte und einen zweiten Weltkrieg dauern, bis die Red Arrows 1964 als eigenständiges und führendes Kunstflugteam der RAF gegründet wurden. Ihrer Formierung fielen zahlreiche britische Kunstflugstaffeln zum Opfer, darunter auch die Bekanntesten: Red Pelicans, Black Knights, Fighting Cocks, The Tigers, Black Arrows.

Die Red Arrows übernahmen das »Red« von den Pelicans, die Pfeile (Arrows) von den Black Arrows und die Folland Gnat T.1 (Gnat: deutsch = Stechmücke) des Teams Yellow Jacks. Zunächst der CFS unterstellt, wurden sie auf RAF Fairford stationiert, verlegten aber schon bald auf dem Flugplatz RAF Kemble (Grafschaft Gloucestershire, Südwest England).

Ihren ersten öffentlichen Auftritt hatten die Red Arrows nicht in England, sondern am 9. Mai 1965 im französischen Clermont-Ferrand. In England präsentierten sie sich am 15. Mai anlässlich der Biggin Hill Air Fair auf dem Londoner Biggin Hill Airport. Wegen »Personalmangel« mussten die »Reds« ihre Show anfangs mit nur sieben ihrer insgesamt neun Folland Gnat fliegen. Erst 1968 durch zwei neue Piloten verstärkt, konnten sie ihre inzwischen weltberühmte und als ihre Visitenkarten geltende Formation »Diamond Nine« präsentieren und flogen damals weltweit als einziges Kunstflugteam mit neun Maschinen! Im selben Jahr löst sich das Team organisatorisch von der CFS.

Ende 1973 wird der Flugbetrieb durch die sogenannte Ölpreiskrise empfindlich gestört. Denn nachdem Israel im Jom-Kippur-Krieg (6. – 26. Okt. 1973) gesiegt hat, drosseln die Erdöl produzierenden arabischen Staaten die Fördermenge, um die westlichen, Israel unterstützenden Staaten unter Druck zu setzen. Innerhalb kürzester Zeit stieg der Ölpreis je Barrel (159 Liter) von rund drei US-Dollar zunächst auf über fünf US-Dollar und 1974 auf über zwölf Dollar. Die Folge: Die Red Arrows reduzieren den Flugbetrieb drastisch und starten erst im Sommer 1974 in eine verkürzte Saison.

1976 stoßen erstmals Piloten zum Team, die keine ausgebildeten Fluglehrer sind.

Wirklich einschneidende Maßnahmen bringt das Jahr 1980. Was sich bereits bei den Verbänden der RAF zeigte, wurde auch bei den Red Arrows offensichtlich: Die Gnat ist veraltet und soll durch die modernere British Aerospace Hawk (deutsch: Falke) ersetzt werden. Im Verlauf der 1976 beginnenden Ausmusterung bei den RAF-Verbänden, übernehmen die Red Arrows ihre Hawk T.Mk1A (zweisitzige Strahltrainer) während des Wintertrainings 1979/80 auf der britischen Basis RAF Akrotiri (Zypern). Noch zu Beginn der Saison 1979 hatten sie ihre 1292. Vorführung mit ihren »alten« Gnat geflogen. Fünfzehn Jahre lang mit diesem Flugzeugmuster verbunden, hatten insgesamt 15 Teams und 54 Piloten mit ihren Gnat rund 25.000 Flugstunden absolviert und Zuschauer rund um den Globus begeistert. In diesen 15 Jahren waren sechs Gnat verloren gegangen und vier Piloten hatten den Tod gefunden.

Red Arrows aktuell

1983 räumen die Red Arrows ihren idyllischen Flugplatz Kemble und verlegen nach RAF Scampton (offiziell: Royal Air Force Station Scampton), einem der ältesten britischen Militärflugplätze in der Grafschaft Lincolnshire an der Nordsee. Dort sind die Red Arrows die einzige fliegende Einheit auf diesem verhältnismäßig kleinen Flugplatz. Von 1995 bis 2000 nach RAF College Cranwell (Grafschaft Lincolnshire) verlegt, ist RAF Scampton heute wieder permanenter Standort der »Reds«.

Neun Maschinen der Red Arrows eröffnen ihre faszinierenden Air Show gewöhnlich mit der Formation »Diamond Nine«; an ihrer Spitze der Team Leader »Red 1«. Es folgen Loopings und Rollen mit oder ohne Rauchfahnen und schließlich im zweiten Programmteil die Vorführungen des »Synchro Pair« (Solistenpaar) »Red 6« und »Red 7«. Sie brechen aus dem Verband aus und demonstrieren atemberaubende Solo-Einlagen: rasen mit Höchstgeschwindigkeit aufeinander zu, passieren bei diesen »Begegnungsmanövern« einander mit nur wenigen Metern Abstand und überraschen die Zuschauer immer wieder mit »Cross Overs« (Tiefstflüge aus verschiedensten Richtungen). Neben ihren spektakulären Vorführungen füllen die Solisten auch die Programmlücken, die unvermeidlich entstehen, bis die Staffel zu neuen Formationen zusammenfindet. Dabei ist die Choreographie der Show so gestaltet, dass den Zuschauern keine Zeit zum Atemholen bleibt.

Was auf die Zuschauer perfekt und einfach wirkt, ist für die Piloten purer Stress. Höchste Konzentration und Perfektion sind gefragt, denn schon kleinste Fehler bergen die Gefahr einer Katastrophe. Viele Manöver werden mit hohen G-Belastungen geflogen. Außerdem fliegen die »Reds« oft zwei Shows täglich und haben anschließend noch repräsentative Verpflichtungen zu erfüllen.

Nicht erst seit dem Flugtag-Unglück auf der Air Base Ramstein der USAF bei Kaiserslautern (Rheinland-Pfalz) am 28. August 1988 sind alle Vorführungen der Red Arrows so ausgelegt, dass sich keine ihrer Maschinen über den Zuschauern befindet oder auf sie zusteuert. Bei den Red Arrows hatte Sicherheit stets höchste Priorität – für Piloten und Zuschauer! So darf der Abstand zwischen den Maschinen 2 bis 3 m nicht unterschreiten. Die Mindesthöhe über Grund ist für Formationen auf 60 bis 100 m und für das Synchro Pair auf 30 bis 40 m zwingend vorgeschrieben.

Aber nicht nur Sicherheitsaspekte und die Erwartungen der Flugschaubesucher bestimmen das Flugprogramm. Von allergrößter Bedeutung ist auch das Wetter. Folgerichtig studieren die Red Arrows nicht nur ein Standardprogramm, sondern haben gleich drei Versionen in petto. Abhängig von den Wetterbedingungen lassen sich diese Versionen kombinieren. Bei optimalen Wetterbedingungen wird natürlich das »Full Display« (das komplette Programm) geflogen. Dies setzt voraus, dass die Wolkenuntergrenze bei rund 1370 m liegt, sodass die roten Pfeile bei Looping nicht in den Wolken eintauchen und aus dem Blickfeld der Zuschauer verschwinden. Bei 1300 m Wolkenuntergrenze wird das »Rolling Display« vorgeführt, wobei auf Loopings verzichtet wird. Liegt die Wolkendecke noch niedriger, beschränkt der Team Leader das Programm auf Vorbeiflüge und Steilkurven.

In mehr als fünf Jahrzehnten sind die Red Arrows im öffentlichen Bewusstsein fest verankert, haben die Herzen der Flugbegeisterten gewonnen und sind rund um den Globus wohlbekannt. Bei den Feiern zum Golden Jubilee der britischen Königin 2002 eskortierten sie bei der Luftparade über London eine Concorde und ein Jahrzehnt später feierten sie mit speziellen Vorbeiflügen das Queen's Diamond Jubilee sowie die Eröffnung der Olympischen Spiele in London. Ein Jahr später – Juli 2013 – absolvieren die »Reds« ihre 4500. Flugschau und präsentierten 2015 – im 50. Jahr ihres Bestehens – ihre neue Seitenleitwerklackierung. Inspiriert von der britischen Flagge »Union Jack«, soll dieses mit »fließenden« roten, weißen und blauen Linien gestaltete Design die Rolle der Red Arrows als Botschafter ihres Landes unterstreichen.

Die Red Arrows fliegen für Ruhm und Ehre der Royal Air Force und verkörpern sowohl zu Hause als auch im Ausland »the Best of British«. Bis zum Ende der Saison 2016 waren sie als Botschafter ihrer Heimat in 57 Ländern. Allein im Laufe der neunwöchigen Auslandstournee von 2016 durch Asien, Pazifik und den Mittleren Osten präsentierten sie ihre Flugküste in 17 Ländern, legten mehr als 32.000 km zurück und erschienen erstmals in der Volksrepublik China. Zur 100-Jahr-Feier der Royal Air Force 2018 waren die »Reds« die Stars der Luftparade von mehr als 100 Flugzeugen über der Londoner Innenstadt und im Juli beim Royal International Air Tattoo (RIAT) in RAF Fairford (Gloucestershire).

Ein Auftritt der »Red Arrows« ist nicht kostenlos zu haben. Berechnete man den Veranstaltern 1977 nur 200 Pfund, so mussten sie 1998 inklusive Mehrwertsteuer und Versicherung bereits 6000 Pfund (rund 16.800,00 DM) zahlen – und es ist nicht preiswerter geworden. Das Geld fließt in den britischen Verteidigungshaushalt.

31. Mai 2008: Training über RAF Scampton. Der Scheitelpunkt des »Vixen Loop« ist erreicht. (Foto: Cpl Andy Benson/ MOD)

Das Team

Ein Kunstflugteam kann international nur erfolgreich sein, wenn seine Piloten ihre Dienstzeit an fünf Tagen in der Woche und bei jedem Wetter uneingeschränkt dem Training der Programme, den verschiedensten Manövern und Formationswechseln widmen können.

Jährlich melden sich rund drei bis vier Dutzend Piloten der RAF zum Dienst bei den Red Arrows. Um zur Bewerbung zugelassen zu werden, müssen sich die Kandidaten bei einem Einsatzverband bewährt haben, mindestens 1500 Flugstunden und ein überdurchschnittliches fliegerisches Können nachweisen.

Aus dem großen Kreis der Bewerber kommen meistens nur neun Piloten in die engere Wahl. Sie werden in einem einwöchigen Auswahlverfahren mit äußerst strapaziösen Flugtests sowie strengsten psychischen und physischen Anforderungskriterien unterworfen. Letztendlich ausgewählt werden nur drei Piloten. Sie sollen die drei »Reds« ersetzen, die nach dreijähriger Dienstzeit zu ihren Einsatzverbänden zurückkehren. Wer von den Bewerbern akzeptiert wird, entscheiden die Teammitglieder und der Kommandeur der Central Flying School in geheimer Wahl und einstimmig. Die Anforderungen an einen neuen Team Leader sind weitaus höher. Er muss eine mindestens dreijährige erfolgreiche und makellose Karriere bei einer Einsatzformation absolviert haben, bereits Mitglied der Red Arrows gewesen sein und eine noch anspruchsvollere fliegerische sowie psychische und physische Prüfung bestehen.

Rechtzeitig zum Start des Wintertrainings wechseln die »Neuen« zu den Red Arrows. Bedingt durch die Einstellung der neuen »Reds« und die daraus resultierenden Positionswechsel der »alten« Piloten und die Entwicklung und Einführung neuer Manöver, werden zu Beginn des Trainings keine großen Formationen geflogen. Folgerichtig beginnt der Aufbau in Zweier- und Vierergruppen; separat übt auch das Synchro Pair.

Jährlich im April verlegt das gesamte Team zum Stützpunkt RAF Akrotiri. Dort im sonnigeren Zypern erhalten die »Reds« ihren letzten Schliff und wird das Programm der neuen Saison festgelegt. Am Ende der Ausbildung steht der »Public Display Authority Day«, an dem die Red Arrows durch Royal Air Force's Deputy Commander Operations (ihre höchsten Vorgesetzten) das neue Programm vorführen und erst wenn vollste Zufriedenheit herrscht, dürfen sie in die neue Saison starten.

Das Team besteht aus zehn Piloten. An den Flugvorführungen beteiligt sind allerdings nur neun. Supervisor »Red 10« begleitet die Kameraden mit einer zehnten Hawk, wenn sie außerhalb ihrer Heimatbasis auftreten. Sollte eine Hawk aus technischen oder anderen Gründen einmal nicht flugtüchtig sein, steht diese zehnte Hawk als Ersatzmaschine bereit. An den Flugvorführungen nimmt »Red 10« natürlich nicht teil. Es liegt auf der Hand, dass er unmöglich für irgendeinen der neun hochqualifizierten »Kunstflieger« einspringen kann. Stattdessen ist er bei den Tourneen verantwortlich für die Logistik und oft kommentiert er als »Speaker« (Sprecher) bei den Flugschauen die Vorführungen seiner Kameraden.

Natürlich stehen die Piloten im Licht der Öffentlichkeit. Bei aller Begeisterung für ihre außergewöhnlichen fliegerischen Leistungen darf die ausgezeichnete Arbeit des »Support Teams« nicht vergessen werden. Von Team Manager Supervisor »Red 10« einem Public Relations Manager sowie zwei Technik-Offizieren, einem Adjutanten und rund 100 Technikern schaffen sie erst die Voraussetzungen für die erfolgreichen Flugvorführungen und leisten – wie bereits der erste Staffelführer der Red Arrows, Ray G. Hanna, lobend betont – »stets mindestens 100 Prozent und können von sich zu Recht behaupten, eine ganz besondere Truppe zu sein.« Wegen ihrer königsblauen Arbeitskleidung sind diese Männer als »The Blues« (die Blauen) berühmt geworden.

Besonders verantwortungsvolle Aufgaben erfüllen zehn Techniker des sogenannten »Circus«. Jedem »Red« ist einer dieser »Circus«-Techniker zugeteilt. Sie sind in erster Linie für »ihre« Hawk verantwortlich, begleiten die Piloten bei den Flügen zu den Air Shows auf dem eigentlich für den Fluglehrer vorgesehenen hinteren Sitz. Dieser Sitz ist erhöht angeordnet, damit der Fluglehrer ungehinderte Sicht in Flugrichtung über den Kopf des Piloten hinweg hat. Sobald die Red Arrows ihre Saison beendet haben, kehren die »Circus«-Techniker zu ihren regulären Einheiten zurück.

Besondere Spezialisten sind für die Elektro-, Avionik- und Überlebenssysteme (vom Fliegerhelm bis zu Sauerstoffmaske und Schleudersitz) sowie für die allgemeine Wartung und Kontrolle der Flugzeuge verantwortlich. Um die Funktion des Unterrumpfbehälters zur Erzeugung der farbigen Rauchfahnen (vibrant vapour trails) kümmern sich die Männer des »Dye Team« (Dye: englisch für Farbstoff; umgangssprachlich häufig »Rauch«). Produziert mit Dieselkraftstoff und Farbzusätzen, helfen die farbigen Rauchfahnen nicht nur den Zuschauern, die Kunststücke der Piloten auch über größere Entfernungen zu verfolgen, sondern sind den Piloten wichtige Hilfen, weil sie Windstärke und -richtung anzeigen.

14. Juli 2017. Royal International Air Tattoo in RAF Fairford (Gloucestershire). In »Big Battle«-Formation eskortieren die »Reds« drei Spitfire und eine Hurricane.
(Foto: Antony Stanley)

Rechts: 11. Juni 2016, London. In »Big Nine«-Formation gratulieren die »Reds« Königin Elizabeth zum 90. Geburtstag. Meistens wechseln sie am Anfang ihrer Vorstellung von der »Big Nine« nahtlos in die »Diamond Nine«.
(Foto: Cpl J. McAllister)

(Foto: Neil)

(Foto: Ronnie Macdonald)

British Aerospace Hawk T.Mk1A. (Foto: Alan Wilson)

Unfälle

Formationskunstflug ist lebensgefährlich und auch das Können der Piloten und Techniker kann Unfälle verhindern. Bei Kollisionen in der Luft ist die Situation der Piloten allerdings fast hoffnungslos.

In ihrer langen Geschichte verloren die Red Arrows bisher 17 Flugzeuge, wobei acht Piloten und ein Techniker den Tod finden.

Der erste Unfall ereignet sich am 20. Januar 1971, als sich bei Einweisung der neuen Solo-Piloten beim Manöver »360-Grad-Vollkreis« die Flügel der beiden Maschinen berühren. Beim unvermeidlichen Absturz werden vier Piloten getötet, weil die »alten« Solo-Piloten zum Einweisen der neuen Kameraden auf den Rücksitzen Platz genommen hatten. Die Öffentlichkeit reagiert entsetzt. Hitzige Diskussionen gefährden sogar den Fortbestand der Red Arrows. Und dies nicht nur, weil vier Piloten wegen einer winzigen Unachtsamkeit starben, sondern weil die Anwohner des Flugplatzes Kemble die Gelegenheit nutzen und sich über die Lärmbelästigungen durch den ständigen Flugbetrieb der Jets beschweren. Die Aufregung löst sich schon bald, denn auch in der Grafschaft Gloucestershire möchte man keinesfalls auf die weltberühmten Red Arrows verzichten.

Glücklicherweise bleibt der Unfall vom 20. Januar 1971 der bisher schwerste und 40 Jahre vergehen, bis 2011 gleich zwei »Reds« den Tod finden: Am 20. August 2011 kommt ein Pilot nach einer Vorführung beim Bournemouth Air Festival durch Absturz seiner Hawk ums Leben und am 8. November stirbt ein Pilot, als er während der Startvorbereitungen mit dem Schleudersitz aus dem Cockpit seiner noch am Boden stehenden Hawk katapultiert wird.

Der bisher – hoffentlich – letzte tödliche Unfall ereignete sich am 20. März 2018, als sich bei einem Trainingsflug über der Halbinsel Anglesey im Norden von Wales nur der Pilot mit dem Schleudersitz retten kann, während der mitfliegende »Circus«-Techniker von der Hawk in den Tod gerissen wird.

Das Flugzeug

Als die Royal Air Force ihre Gnat ausmusterte und sich für die Hawk entschied, mussten die Red Arrows wohl oder übel folgen. Ihre Hawk unterscheiden sich von den Strahltrainern der Royal Air Force durch einen Unterrumpfbehälter, in dem der Dieselkraftstoff sowie die Farbzusätze zur Rauchfahnenerzeugung mitgeführt werden. Damit die Zuschauer vom Boden aus den Kunstflugformationen noch in größerer Entfernung folgen und die Piloten bei den Formationswechseln – speziell in der zweiten Hälfte des Flugprogramms – das Erkennen von Windstärke und -richtung anzeigen können, wird der Behälterinhalt (Diesel und Farben) direkt in den Abgasstrahl des Triebwerks gesprüht. Um den Anforderungen des Kunstfluges in jeder Phase gewachsen zu sein, wurden die Hawk der Red Arrows mit dem etwas schubstärkeren Triebwerk Rolls-Royce/Turboméca Adour 151-02 nachgerüstet.

Hawk T.Mk1A	
Hersteller	British Aerospace
Typ	Strahltrainer für Fortgeschrittene
Spannweite	9,39 m
Länge ohne Tanksonde	11,17 m
Höhe	3,98 m
Triebwerk	ein Turbofan ohne Nachverbrennung Rolls-Royce/Turboméca Adour 151-02
Triebwerkleistung	28,9 kN
max. Startmasse	7750 kg
Höchstgeschwindigkeit	1038 km/h
Dienstgipfelhöhe	15.240 m
Überführungsreichweite	2430 km ohne Außenlasten
Zellenbelastung	+8/-4 g

(Foto: Peng Chen)

(Ursprung: Maxperot)

FINNLAND MIDNIGHT HAWKS

Die Midnight Hawks sind das offizielle Formationskunstflugteam der finnischen Luftwaffe. Offiziell zwar erst im Jahre 1997 gegründet, reichen die Wurzeln der Mitternachtsfalken sehr viel weiter zurück – bis Ende der 1920er-Jahre.

Zeigten sie ihre Flugakrobatik anfangs nur selten und dann auch nur vor einheimischem Publikum, so erscheinen sie inzwischen längst weltberühmt, zumindest ein- bis zweimal jährlich als gern gesehene Gäste auch bei internationalen Flugveranstaltungen im Ausland.

Außerhalb Finnlands erschienen sie in jüngster Zeit vom 14. bis 16. Juli 2017 bei der RIAT, im August 2018 bei der Radom Air Show in Polen und 2019 vom 16. bis 18. August bei der Roskilde Air Show (Dänemark) sowie vom 21. bis 22. September bei den NATO-Tagen in Ostrava (Tschechien).

(Foto: JIP)

Geschichte

Die Geschichte des finnischen militärischen Formationskunstfluges beginnt mit englischen Flugzeugen, und zwar mit dem Jagdeinsitzer Gloster Gamecock Mk II. 1928 übernimmt die finnische Luftwaffe die erst drei Maschinen dieses Typs und lässt von 1929 bis 1935 weitere 15 Exemplare dieses Doppeldeckers in Finnland als »Kikko« lizenzfertigen.

Auch in Finnland sind es Fluglehrer, die den Grundstein für den militärischen Kunstflug legen. In ihrer Freizeit nutzen sie die Gamecock/Kikko der auf dem Flugplatz Kauhava beheimateten Luftwaffen-Akademie der finnischen Luftwaffe, um Freunden, Verwandten und Nachbarn ihr fliegerisches Können zu demonstrieren – gelegentlich in Formationen von bis zu zehn Maschinen. Aus diesen zwanglosen Festen begründete sich schließlich die Tradition, jährlich zum Johannistag (24. Juni) am dritten Juni-Wochenende zur Zeit der Sommersonnenwende eine Flugveranstaltung unter dem Namen »Midnight Sun« (Mitternachtssonne) zu veranstalten. Einen ganz besonderen Reiz erhielt diese Flugveranstaltung dadurch, dass die Mitsommersonne an diesen Tagen nicht untergeht. Folglich können Flugvorführungen noch gegen 19 oder 20 Uhr beginnen und erst gegen Mitternacht oder noch später enden. Folgerichtig können die Midnight Hawks mit Fug und Recht behaupten, dass sie mehr Jet-Kunstflugformationen nachts geflogen haben als jedes andere Team weltweit.

Wie bei allen kriegführenden Ländern des Zweiten Weltkrieg unterbrach dieser Konflikt auch alle finnischen Kunstflugaktivitäten. Nach 1945 zwangsläufig um ein gutes Verhältnis zur Sowjetunion bemüht, durfte die finnische Luftwaffe gemäß dem Pariser Friedensvertrag (10. Febr. 1947) für die Dauer von mehr als 40 Jahren nicht mehr als 60 Kampfflugzeuge betreiben.

Dieser Vertraq und die heiklen politische Beziehungen zu den Machthabern in Moskau erklären mit an Sicherheit grenzender Wahrscheinlichkeit, dass Finnland erst sehr spät wagte, ein militärisches Formationskunstflugteam zu formieren. Bis zum Zerfall der Sowjetunion betrieb die finnische Luftwaffe (Ilmavoimat) sowohl sowjetisches als auch westliches Flugmaterial und beschaffte bereits in den 1980er-Jahren Strahltrainer des Typs BAe (British Aerospace) Mk 51.

Und wieder waren es vier Lehrer der Luftwaffen-Akademie in Kauhava, die im Rahmen der Vorbereitungen zu den Feiern zu Finnlands 90. Unabhängigkeitstag (6. Dezember 2017) ein Formationskunstflugteam bildeten und nicht nur bei der »Midnight Sun«, sondern mit einem ständig verbesserten Flugprogramm auch bei anderen lokalen Flugveranstaltungen erschienen. Bald waren die in enger Formation fliegenden Hawks ein wohlbekannter, die Zuschauer begeisternder Anblick, sodass das noch namenlose Team fast zwangsläufig in eine offizielle Funktion hineinwuchs. Schließlich nutzte die finnische Luftwaffenführung die Oulu International Air Show, um die frenetisch bejubelten Luftakrobaten zum offiziellen Formationskunstflugteam zu ernennen und auf den Namen »Midnight Hawks« zu taufen.

Ein erstes ausländisches Gastspiel gaben die vier Mitternachtsfalken am 30. Juni 2000 bei der Air Power 2000 im österreichischen Zeltweg. Der erste Höhepunkt der Team-Geschichte war das Erscheinen der Midnight Hawks beim Royal International Air Tattoo 2004 (RIAT 04). Die englische RIAT gilt als die bedeutendste militärische Luftfahrtschau der Welt und war 2004 unter anderem dem Thema »30 Jahre Hawk« gewidmet. Da passten die Midnight Hawks mit ihre BAe Hawk Mk 51 natürlich bestens ins Bild und wurden als besonderes Highlight gefeiert. Auch hier flogen sie ihre Formationen mit höchster Präzision und boten den Zuschauern – auch ohne Solo-Piloten – echte fliegerische Leckerbissen.

Für die Saison 2008 wurden die Hawk endlich mit Rauchanlagen nachgerüstet und Rauchbehälter an Unterflügelstationen montiert. Ihre erste, mit spektakulären Rauchfahnen untermalte Air Show präsentierten die Mitternachtsfalken – wie hätte es anders sein können – bei der »Midnight Sun« am 20. Juni 2008.

Das Team

Alle Mitternachtsfalken werden aus den Fluglehrern an der Luftwaffen-Akademie ausgewählt. Als Angehörige der Midnight Hawks fliegen sie drei bis vier Jahre beim Team, werden mit Ausnahme des Team Leader in jüngster Zeit aber meistens jährlich ausgetauscht. Da die Midnight Hawks keine speziell modifizierten Kunstflugmaschinen fliegen, werden ihren Piloten auch keine persönlichen Hawks zugeteilt. Sie müssen die Maschinen nutzen, die ihnen von der ebenfalls in Kauhava stationierten 41. Jagdstaffel überlassen werden. Allerdings darf sich jeder Mitternachtsfalke für die Dauer der Saison »seine« Hawk auswählen. Mit dem speziellen Kunstflugtraining beginnen die Piloten erst wenige Wochen vor dem Besuch von Flugtagen oder ähnlichen Veranstaltungen.

Zur Erinnerung an den 90. Jahrestag der Unabhängigkeit Finnlands tragen die Midnight Hawks in der Saison 2017 als Sonderbemalung die finnischen Nationalfarben. (Foto: Kaivopuiston lentonäytös))

Linke Seite: Der Scheitelpunkt des Loopings ist überschritten und die Maschinen stürzen in »Diamond«-Formation hinab in die Normallage. (Foto: Victor Belousov)

Links unten: Nur noch wenige Sekunden, dann ist das »Spiegelbild« (Reflection Pass) perfekt. (Foto: ElmA)

Links oben: Steil ziehen die Mitternachtsfalken dem Scheitelpunkt des Loopings entgegen. (Foto: MKFI)

Zum »Bomb Burst« (Bombenexplosion) steil in den Himmel hochgezogen, fächern die Midnight Hawks nach Passieren des Scheitelpunkts in alle vier Himmelrichtungen aus. (Foto: Victor Belousov)

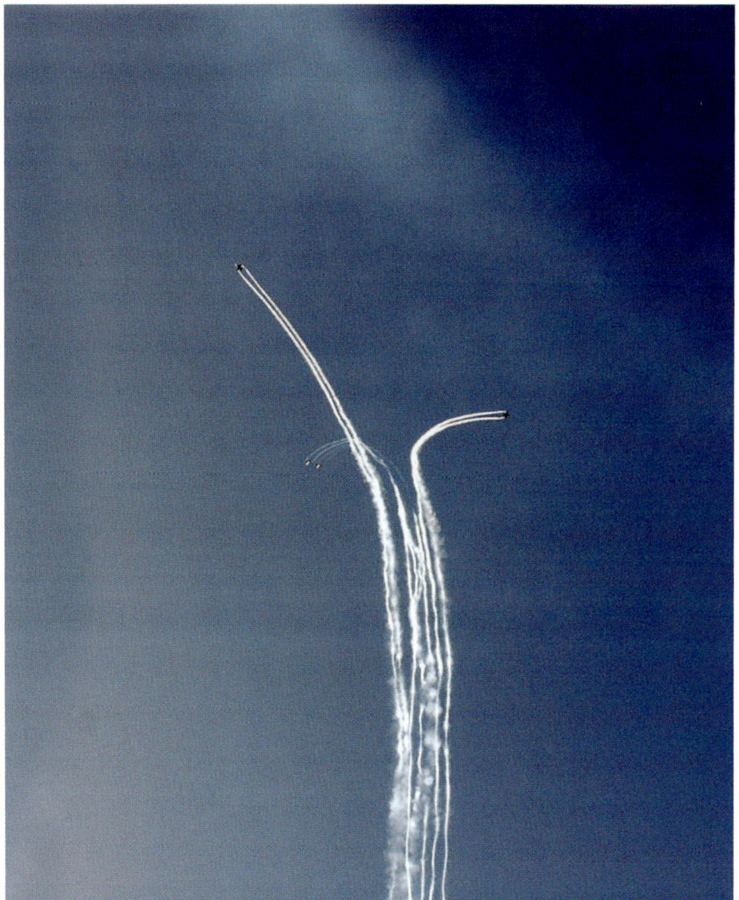

16. April 2017. Patrouille de France und die Formationskunstflugstaffel der USAF über dem Death-Valley-National Park (Tal des Todes), im Hintergrund die Rocky Mountains. (Foto: Tech. Sgt. Christopher Boitz/Thunderbirds)

FRANKREICH
PATROUILLE DE FRANCE

Stolz kann Frankreich darauf verweisen, dass an seinem Himmel erstmals ein aufsehenerregendes fliegerisches Kunststück glückte. Es geschah am Morgen des 21. September 1913, als Adolphe Pégoud ein Kunststück flog, das bis dato als unmöglich galt: Ein Kreis in der Vertikalen (Durchmesser rund 400 m), ein sogenannter Looping, bei dem er seinen Eindecker Blériot XI in steilem Bogen hochzog, bis sich die Maschine im Rückenflug befand, um dann im Sturzflug wieder nach unten zu stoßen und den »Todeskreis« zu schließen. Nur drei Wochen vorher war er erstmals 20 Minuten lang in Rückenfluglage geflogen (was damals gewöhnlich zum Absturz führte).

In der Frühzeit der Fliegerei beherrschten französische Piloten die Luftfahrt. Ihre Motive waren nicht, mit todesmutigen Glanzleistungen die Sensationsgier der Zuschauer zu befriedigen, sondern die Grenzen der Leistungsfähigkeit von Mensch und Maschine zu erkunden.

Es kann deshalb nicht verwundern, dass Frankreich stolz darauf verweisen kann, mit der Patrouille de France die älteste – und nach Meinung vieler Fachleute – auch die professionellste Kunstflugstaffel der Welt zu besitzen.

Stolz trägt dieser Alpha Jet das Emblem der Patrouille de France. (Foto: USAFE AFAFRICA from Ramstein Air Base, Germany)

14. Juli 2017, französischer Nationalfeiertag. Patrouille de France in »Diamond«-Formation über den Champs-Elysées. Weißen Rauch können alle Flugzeuge ausstoßen, der blaue hingegen ist den drei rechts platzierten, der rote den drei links platzierten Maschinen vorbehalten. (Foto: US Navy Petty Officer 2nd Class Dominique Pineiro)

deten Zweiten Weltkrieg eröffnete die Patrouille des France am 14. Juli 2015 die Luftparade über der Pariser Prachtstraße Champs-Elysées mit zwölf Maschinen. Die größere Anzahl war notwendig, um das Croix de Lorraine (Lothringer Kreuz; Symbol der Freien Französischen Streitkräfte während des Zweiten Weltkriegs) darzustellen. Geflogen wurden die zusätzlichen Alpha Jet von einem Ersatzpiloten, dem Direktor der Patrouille des France und dessen Adjutanten sowie einem ehemaligen Führer der Staffel.

Mehr als 30 Jahren vergingen, bis die Patrouille de France wieder auf große USA-Tour gehen konnte. Zur Erinnerung an den Eintritt der USA an der Seite Frankreichs in den Ersten Weltkrieg am 17. März 1917, startete die für einen Monat konzipierte Reise genau ein Hundert Jahre später in Salon-de-Provence. Da die Alpha Jets nicht luftbetankbar sind und ihre maximale Flugdauer nur zweieinhalb Stunden beträgt, waren Zwischenlandungen in Schottland sowie auf Island und Grönland nötig. Begleitet wurden die Alpha Jet auf ihrer gesamten Tour durch eine A400M-Transporter, die mehr als 50 Mann Bodenpersonal und 25 Tonnen Material beförderte. Bereits auf dem Hinflug beeinträchtigte schlechtes Wetter über dem Nordatlantik die Reise, sodass das Team von einer Falcon 50 der französischen Marine begleitet wurde, um notfalls Rettungsausrüstung abzuwerfen. Wetterbedingt verspätet in New York City eingetroffen, startete die große Tour mit einem Überflug der Freiheitsstatue. Dem schlechten Wetter im Nordosten der USA entfloh die Patrouille de France schon bald ins sonnigere Florida. Nach Auftritten in Melbourne, Lakeland und Kansas City (Missouri) waren die Franzosen in Pensacola Gäste ihrer Kollegen von den Blue Angels. Weiter führte die Reise über Santa Fe (New Mexico) und die touristischen Höhepunkte im Südwesten (Monument Valley, Lake Powel, Grand Canyon, Death Valley und nach San Francisco (Kalifornien). Die Rückreise führte über Nellis Air Force Base (Nevada) zu den Thunderbirds und weiter über die Air Force Academy in Colorado Springs (Colorado) nach Norfolk (Virginia). In Norfolk präsentierte sich die Patrouille de France am 28. und 29. April anlässlich des NATO-Festivals mit zwei Überflügen. Nach Aufenthalten in Kanada landete das Team am 6. Mai sicher im heimischen Salone-de-Provence.

Es würde den Rahmen dieses Buches sprengen, all die Air Shows aufzuzeigen, wo die Patrouille de France Jahr um Jahr im In- und Ausland erscheint. Nicht unerwähnt bleiben darf jedoch, dass sie 1988 in dem Musikstück »Aviateur« (gesungen von Véronique Jannot) eine Gastrolle spielte und im Jahr 2000 als erste militärische Jet-Formationskunstflugstaffel nach dem tragischen Unfall der Frecce Tricolori (28. Aug. 1988) wieder in Ramstein auftreten durfte – eine damals aufsehenerregende Auszeichnung.

Das Team

Einschließlich eines Ersatzpiloten umfasst die Patrouille de France neun Piloten und zwölf Alpha Jet. Jedes Jahr werden am Ende einer Saison turnusgemäß drei neue Piloten ins Team aufgenommen. Sie sind Freiwillige und meistens 30 bis 33 Jahre alt, müssen mindestens 1500 Flugstunden auf strahlgetriebenen Kampfflugzeugen nachweisen können sowie über außergewöhnliche fliegerische Fähigkeiten verfügen. Wer von den jährlich rund 100 Bewerbern die harten physischen und psychischen Prüfungen besteht, dient meistens etwa drei Jahre im Team, bevor er zu einem Einsatzverband der Armée de l'Air zurückkehrt. Wer von

Belgian Air Force Days 2018: Patrouille de France in »Dard«-Formation. (Foto: Clemens Vasters)

den in die engere Wahl gelangten Bewerbern letztendlich angenommen wird, entscheiden die übrigen Piloten der Patrouille de France in geheimer Wahl; das Ergebnis muss einstimmig erfolgen.

Die Ausbildung der neuen Piloten beginnt mit immer anspruchsvolleren Formationen. Zwei bzw. drei Trainingsflüge werden täglich absolviert und wenn die Patrouille de France im Frühjahr des Folgejahres in die nächste Saison startet, sind die Neuen längst vollwertige Mitglieder.

Formationskunstflug erfordert höchste Konzentration und jeder Pilot muss quasi in jeder Sekunde den aktuellen Programmverlauf überblicken und die Positionen seiner oft nur 3 bis 4 m von seinen Flügelspitzen entfernten Kameraden erkennen können. Um sich bei den Flugvorführungen im Sprechfunk identifizieren zu können, nutzt die Patrouille de France ein Codewortsystem. »Athos« genannt, werden die neun Piloten (vom Führer bis zum Ersatzmann) in diesem System von »Athos 1« bis »Athos 9« geführt:

> Athos 1 = Der Führer (Chief de Musique). Er bleibt nur ein Jahr und ist der einzige nicht austauschbare Pilot des Teams;
> Athos 2 und Athos 3 (Les Intérieurs) absolvieren ihr erstes Jahr, halten die Innenpositionen und bleiben nahe bei Athos 1;
> Athos 4 (Charognard = deutsch: Aasgeier) ist unmittelbar hinter dem Führer positioniert, muss dessen »Abgase« schlucken und übernimmt im Folgejahr die Führerposition »Athos 1«; Athos 5 und Athos 6 (Les Extérieurs) halten die äußeren Positionen und überwachen die Formationen und Manöver; Athos 7 und Athos 8 (Les Solos) fliegen waghalsige Einzelmanöver, brechen aus dem Verband aus und demonstrieren atemberaubende Solo-Einlagen: rasen mit Höchstgeschwindigkeit aufeinander zu, passieren bei diesen »Begegnungsmanövern« einander mit nur wenigen Metern Abstand und überraschen die Zuschauer immer wieder mit Tiefstflügen aus verschiedensten Richtungen. Neben ihren spektakulären Vorführungen füllen die Solisten auch die Programmlücken die unvermeidlich entstehen, bis die Staffel zu neuen Formationen zusammenfindet.
> Athos 9 (Le Remplaçant) dient als Aushilfe und Ersatzmann. Als Dienständtester und erfahrenster Pilot des Teams kann er – ausgenommen den Führer – notfalls jeden seiner Fliegerkameraden ersetzen.

Kunstflug in Formationen und Einzelmanöver ist überaus gefährlich und oft bringt die geringste Unachtsamkeit oder der kleinste technische Fehler den Tod. Von 1935 bis 2002 verloren die französischen Kunstflugstaffeln insgesamt 10 Piloten; fünf wurden verletzt.

Rund 30 Techniker gewährleisten, dass alle zwölf Alpha Jet jederzeit flugklar sind. Auch sie sind Freiwillige und handverlesene Spezialisten aus den Reihen des regulären Wartungspersonals der französischen Luftwaffe. Jeder Pilot wählt »seinen« Mechaniker. Dieser wiederum begleitet »seinen« Piloten auf dem Rücksitz des Alpha Jet von einer Veranstaltung zur nächsten und ist rund um die Uhr für die Einsatzbereitschaft der Maschine verantwortlich.

Tage bevor eine Flugschau beginnt, landet eine Transall C-160 eines Transportgeschwaders am Vorführungsort und bringt Ersatzteile und Geräte, das fliegertechnische Personal, Mediziner und Sanitätspersonal, Presse-Offiziere, Team-Manager – einfach alles, was die Patrouille de France für eine erfolgreiche Veranstaltung braucht.

Die Air Show

Jedes Jahr überrascht die Patrouille de France mit einem neuen Programm. Die Vorbereitungen sind außerordentlich gründlich und beginnen nicht in der Luft, sondern werden zuerst bis ins letzte Detail theoretisch im Schulungsraum studiert. Erst dann werden alle Formationen und Solo-Manöver unter Beachtung optimaler Sicherheitsvorkehrungen Schritt für Schritt in der Luft geübt, immer wieder verbessert und so lange trainiert, bis schließlich ein spektakuläres Flugprogramm entstanden ist. Das Repertoire der Staffel umfasst mehr als 20 verschiedene Formationen und Manöver und dauert etwa 20 Minuten. Erst wenn das neue Programm dem Oberkommandierenden der französischen Luftwaffe vorgeführt und akzeptiert worden ist, kann die Patrouille de Frane zur Saison starten.

Abhängig von den Wetter- und Geländebedingungen sowie der Luftraumgliederung werden die engen Formationen und atemberaubenden Solo-Manöver in Geschwindigkeitsbereichen von 300 bis 800 km/h und in Höhen von 100 bis maximal 1500 m geflogen.

Als »Visitenkarte« der Patrouille de France gilt die »Diamond«-Formation.

Nur zur Feier des französischen Nationalfeiertags am 14. Juli erscheint die Patrouille de France mit neun statt acht Maschinen über der Pariser Prachtstraße Champs-Elysées und zeichnet mit ihren Rauchfahnen die französischen Farben an den Himmel, wobei die verschiedenen Farben von jeweils drei Maschinen (je dreimal Blau, Weiß und Rot) versprüht wird. Nur am 14. Juli 2018 ereignete sich eine peinliche Panne, als die rechts außen fliegende Maschine vor den Augen der Weltöffentlichkeit statt der blauen eine rote Rauchfahne zeigte.

Sarang bei den CISM-Militärweltmeisterschaften im Oktober 2007 über dem Gachibowli Stadium in Hyderabad. CISM (Conseil International du Sport Militaire) ist der weltweite Militär-Sportverband. (Foto: USAF, Master Sgt. Glenda S. Lynchard)

INDIEN **SARANG**

Bei der alle zwei Jahre auf dem Luftwaffenstützpunkt Yelahanka bei Bangalore stattfindenden Luftfahrtschau Air India präsentieren zwei Hubschrauber des Typs Dhruv (Sanskrit: Polarstern) im Februar 2003 erstmals ein Kunstflugprogramm. Noch im Oktober gleichen Jahres formiert sich im Verband der indischen Luftstreitkräfte eine zunächst aus drei Dhruv bestehende und »Sarang« (Sanskrit: Blauer Pfau) getaufte Hubschrauberkunstflugstaffel.

Einer internationalen Öffentlichkeit präsentiert sich das Kunstflugeam erstmals im Jahre 2004 bei der Asian Aerospace Airshow in Singapur. Auch im folgenden Jahr erscheint Sarang wieder in Singapur, diesmal allerdings mit vier Dhruv.

Schnell werden die Pfauen gern gesehene Gäste bei den großen Flugveranstaltungen in Asien und bilden einen fliegerischen Höhepunkt bei den Feiern zum Gründungstag der indischen Luftstreitkräfte auf dem Luftwaffenstützpunkt Hindan (größter Luftwaffenstützpunkt in Asien!) alljährlich am 8. Oktober in der Hauptstadt Neu-Delhi.

2008. Die vier Dhruv der Pfauen auf dem HAL-Ausstellungsgelände der Internationalen Luftfahrtausstellung ILA in Berlin. (Foto: ILA-boy)

Februar 2013. Sarang in Vierer-Formation bei der Air India. (Quelle: Magentic Manifestations)

Von den Zuschauern begeistert gefeiert, beschreibt India's National Newspaper »The Hindu« das Team euphorisch als ein Ballett, das mit seinen tonnenschweren Metallmaschinen in der Luft nach Mozarts Musik tanzt.

Inzwischen sind die Piloten und Pilotinnen der Sarang auch in Europa wohlbekannt, wo sie erstmals 2008 in England bei der Farnborough International Airshow und in Deutschland bei der Internationalen Luftfahrtausstellung ILA in Berlin erscheinen.

2005 in Yelahanka formiert, ist Sarang seit September 2009 auf dem Luftwaffenstützpunkt Sulu in Coimbatore stationiert.

Inzwischen besteht das Team aus 13 Piloten, zwei Technischen Offizieren sowie einem Speaker.

Der Hubschrauber

Der Dhruv (Sanskrit: Polarstern), eine Eigenentwicklung der Hindustan Aeronautics Ltd (HAL), Bangalore/Indien), ist ein leichter Mehrzweckhubschrauber und wird in mehreren militärischen und zivilen Versionen gefertigt. Als Beraterfirma bei der Konstruktion fungierte Messerschmitt-Bölkow-Blohm.

Der erste Prototyp flog 1992. Sanktionen der USA wegen indischen Atomtests verzögerten die Lieferung der vorgesehenen Triebwerke, sodass HAL den Dhruv für die französischen Triebwerke Turboméca TM333-2B2 umkonstruieren musste. Mit der Indienststellung konnte 2000 begonnen werden.

Sarang übernahm 2003 die damals aktuellste Version mit Glas-Cockpit, voll elektronischer (digitaler) Triebwerksteuerung (FADEC), Schwingungsisolationssystem (ARIS), automatischem Flugkontrollsystem und gelenklosem Rotorkopf.

HAL Dhruv	
Hersteller	Hindustan Aeronautics Ltd (HAL), Bangalore/Indien
Typ	Mehrzweckhubschrauber
Besatzung	1 – 2 Piloten
Hauptrotor-Durchmesser	13,20 m
Länge, Rotoren drehend	15,87 m
Höhe (m)	4,05 m
Triebwerk	zwei Wellenturbinen Turboméca TM 333-2B2
Triebwerkleistung	jeweils 746 kW
Kraftstofffassungsvermögen	1100 Liter
Leermasse	2502 kg
max. Startmasse	5500 kg
Höchstgeschwindigkeit	290 km/h
Marschgeschwindigkeit	245 km/h
Reichweite	320 km
Überführungsreichweite	660 km
Flugdauer	4 Stunden
Steigrate	10,30 m/s
Schwebeflughöhe mit Bodeneffekt	3000 m +

»Dhruv« beim RIAT 2011. Das Emblem symbolisiert den Pfau als Indiens Nationalvogel. Der majestätische Vogel symbolisiert Freude, Gnade, Liebe und Schönheit und ist ein wichtiger Bestandteil der indischen Identität und Kultur. (Foto: Adrian Arpingstone)

(Foto: Airwolfhound)

ITALIEN
FRECCE TRICOLORI

Neben den britischen Red Arrows gibt es wohl kaum ein Kunstflugteam mit einer älteren militärischen Kunstflug-Tradition als die italienische Pattugulia Acrobatica Nazionale, weltberühmt als Frecce Tricolori. Seit Jahrzehnten gehören ihre Darbietungen zu den vielbewunderten Attraktionen großer Flugtage und ihr Name ist zu einem Synonym für Formationskunstflug in höchster Vollendung geworden – ein Markenzeichen par excellence! Überschattet wird die Geschichte der »dreifarbigen Pfeile« durch die Katastrophe auf dem amerikanischen Luftwaffenstützpunkt Ramstein AFB (bei Kaiserslautern (Rheinland-Pfalz). Glücklicherweise haben die Frecce Tricolori durch faszinierende Luftakrobatik das Vertrauen des flugbegeisterten Publikums zurückgewinnen können.

Geschichte

Als Gründungsjahr der militärischen italienischen Kunstflugstaffeln gilt das Jahr 1928. Damals besuchen einige hohe italienische Fliegeroffiziere der Royal Air Force den Fliegerhorst Hendon (nordwestlich London, Englands ältester Flugplatz) und erleben zum ersten Mal eine britische Staffel im Formationskunstflug. Begeistert nach Italien zurückgekehrt, beginnen sie mit der Aufstellung einer Kunstflugstaffeln und gründen auf dem Militärflugplatz Campoformido (etwa 5 km südwestlich Udine) eine Schule für Formationsflug, die später weltberühmte »Scuola di Campoformido« und Wiege des militärischen Kunstflugs in Italien. Als verantwortlicher Offizier ist Colonello (Oberst) Rino Corso Fougier tätig. Gemäß seiner Überzeugung muss jeder Pilot der Aeronautica Militare Italiana (italienischen Luftwaffe; AMI) unter Kriegsbedingungen seine Maschine auch im Verband mit absoluter Präzision kontrollieren können. Aus den Piloten des seit 1927 in Campoformido stationierten 1. Jagdgeschwaders (1° Stormo) formiert Colonello Fougier Italiens erste Kunstflugmannschaft. Ausgestattet mit sieben Jagddoppeldeckern Fiat CR.20 und geführt von Sergente Maggiore (Feldwebel) Erardo Fruet, zeigt die Staffel ihre Künste bereits 1929 über Campoformido und Udine. Zu ihrem Repertoire gehört damals schon die von Erardo Fruet gestaltete explosionsartige »La Bomba«, ein Manöver, das als »Bomb Burst« (explodierende Bombe) inzwischen zum Repertoire der bekanntesten Formationskunstflugteams gehört und weltweit bei keiner Flugschau fehlen darf.

Zu ihrem ersten offiziellen Auftritt als Repräsentantin der italienischen Luftwaffe erscheint die Staffel am 8. Juni 1930 unter Führung von Tenente (Oberleutnant) Neri Ariosto beim 1° Giornata Aerea dell'Ala (1. Tag der Luftfahrt) mit neun leistungsgesteigerten Fiat CR.20bis über Rom, begeistert mit einem damals außergewöhnlichen Programm mehr als 100.000 Zuschauer und wird von der Zeitung La Stampa als »Cavalliere dell'aria« gefeiert.

Der 2° Giornata Aerea dell'Ala im Jahr 1932 wird zu einem Triumph der »Scuola di Campoformido«: Gegliedert in drei eng zusammenfliegende Staffeln zu je neuen Flugzeugen erscheinen 27 Fiat CR.20ASSAO über Rom-Littorio. Alle Flugzeuge sind mit einem elastischen Band mit der Nachbarmaschine verbunden. Und so »verbandelt« fliegt 1° Stormo einen Looping in Formation, gefolgt von einem weiteren Looping, der auf dem Scheitelpunkt zu »La Bomba« öffnet.

Obwohl das faschistische Königreich Italien 1935/36 Äthiopien völkerrechtswidrig annektiert und mit Eritrea und Somaliland zu Italienisch-Ost-Afrika vereinigt und gemeinsam mit der deutschen Legion Condor im Spanischen Bürgerkrieg (1936 – 1939) aktiv die nationalistische Bewegung General Francos unterstützt, fliegt die Staffel in den neutralen Ländern von Triumph zu Triumph. Zu den Höhepunkten dieser Jahre zählen das Internationale Flugmeeting in Zürich-Dübendorf (Schweiz), Vorführungen in Budapest (Ungarn) und Belgrad (Jugoslawien), die »Crociera America Latina« durch Lateinamerika sowie eine Tournee durch Chile, Argentinien, Uruguay und Brasilien.

Zu ihrem letzten Auftritt am 23. Juni 1939 wenige Wochen vor Ausbruch des Zweiten Weltkriegs erscheint das Team bereits mit Tarnanstrich in Deutschland (Berlin-Staaken, Döberitz). Seine Piloten besitzen einen hohen Ausbildungsstand, sind eine Auswahl der Besten der italienischen Luftwaffe und erweisen sich dank eines unablässigen, harten Trainings als vollendete Könner ihres Fachs.

Im Juni 1940 tritt Italien als Verbündeter Deutschlands in den Zweiten Weltkrieg ein. Ein Schritt, der das vorläufige Ende des italienischen militärischen Formationskunstfluges bedeutet.

Aeronautica Militare Italiana

Nach Kriegsende und Unterzeichnung des Friedensvertrages am 10. Februar 1947, reorganisiert Italien seine Streitkräfte von Grund auf und so entsteht 1946 mit der Aeronautica Militare Italiana auch eine neue Luftwaffe. Eine Luftwaffe, die 1923 als Regio Aeronautica (Königliche Luftwaffe) gegründet wurde und nun derart gewaltige Umbrüche meistern muss, dass an eine Wiederaufnahme des militärischen Kunstflugs vorerst nicht zu denken ist.

Jahre vergehen, bis 1951 bei der 4° Stormo in Livorno das erste Formationskunstflugteam mit strahlgetriebenen Doppelrumpfjägern deHavilland DH100 Vampire F.B.52 entsteht. Gründerväter der Staffel sind die vier Piloten Galgani, Turra, Ceoletta und Bombardini, die ihre Staffel selbstbewusst »Cavallino Rampante« (Wildpferde) nennt und auf ihrem Staffelemblem ein wildes, sich auf den Hinterbeinen aufbäumendes Pferd zeigt. Es ist dann auch diese Mannschaft, die nach einjährigem Training in Brüssel an einem NATO-Flugtag teilnimmt.

Doch die Karriere der »Wildpferde« ist nur kurz. Zukünftig wechselt die offizielle Mannschaft der AM alle zwei Jahre. Den »Wildpferden« folgen die »Getti Tonanti« (donnernde Jets), die wegen ihren vier fabrikneuen Republic F-84G Thunderjet auch »schnelle Jets« genannt werden und an Vorführungen in Deutschland, Frankreich und Spanien teilnehmen. Ihre Nach

17. März 2011. Zur Feier des 150. Jahrestages der Vereinigung Italiens salutieren die Frecce Tricolori am Himmel über Rom.

Es waren die »Diavoli Rossi«, die bei ihrer USA-Tournee 1957 nicht nur im Wettbewerb mit amerikanischen Mannschaften siegten, sondern ihre Manöver häufig mit farbigen Rauchfahnen optisch spektakulär gestalteten. Eine Tradition, die von den Frecce Tricolori fortgeführt wird. (Foto: Ronnie Mcdonald)

Frecce Tricolori aktuell

Mit Indienststellung von zehn MB-339PAN im Jahr 1982 waren die Frecce Tricolori zur weltweit größten militärischen Formationskunstflugstaffel aufgestiegen. Ihr einzigartiges Vorführprogramm umfasst ungefähr 20 Manöver und dauert etwa dreißig Minuten.

Die Zehnerformation teilt sich im Verlauf des Programms mehrmals in Fünfer- und Viererformationen. Zwar muss der Solo-Pilot auch bei den Frecce Tricolori die unvermeidlichen Programmlücken zwischen den einzelnen Formationen schließen, ist allerdings kein »Pausenfüller«, sondern zeigt im Rahmen des kompletten Programms seine eigene Show mit spektakulären Figuren. Figuren, wie sie dank der Wendigkeit und Leistungsfähigkeit der MB-339PAN mit kaum einer anderen Maschine möglich wären.

Abhängig von den aktuellen Wetterbedingungen und der lokalen Fluglage entscheidet der Commandante erst kurz vor dem Start, welche Formationen und Manöver dem flugbegeisterten Publikum präsentiert werden. Bei den Frecce Tricolori dauert eine »Schönwetter«-Schau (Full Display) mit komplettem Programm rund eine halbe Stunde. Anders beim »Rolling Display«, dann liegt die Wolkenuntergrenze nur rund 1000 m über Grund und es muss auf alle Manöver in vertikaler Fluglage (Looping, Sturzflug) verzichtet werden. Bei wirklich schlechtem Wetter werden den Zuschauern im sogenannten Flat Display nur Vorbeiflüge geboten.

Für das Jahr 2019 waren insgesamt 30 Vorführungen geplant – beginnend am 13. April mit einem Überflug in Rom – davon fünf außerhalb Italiens: 30. Juni in Cazaux (Frankreich), 21. Juli Royal International Air Tattoo in RAF Fairford (England), 27. Juli in Siauliai (Lettland), 4. August in Sliac (Slowakei), 7. September in Zeltweg (Österreich). Als Abschluss der Tournee ist ein Überflug in Alta Badia, dem Skigebiet in den Südtiroler Dolomiten, geplant.

Seit Jahrzehnten fast standardisiert, erfuhr das Flugprogramm in jüngster Zeit nur geringfügige Änderungen. Natürlich entfiel nach der Katastrophe von Ramstein »Il Cardiodide« (durchstoßenes Herz). Erst nach dem Sieg der italienischen Fußballmannschaft im Endspiel der Fußballweltmeisterschaft in Berlin 2006 gestalteten die Frecce Tricolori als wirklich neue Flugfigur »Berlin 2006«. Sie zeigte ein durch die beiden Fünferformationen von unten nach oben geflogenes und mit dreifarbigen Rauchfahnen an den Himmel gemaltes Herz.

Ansonsten sind die Frecce Tricolori längst wieder gern gesehene, publikumswirksame Gäste bei Air Shows rund um den Globus, »salutieren« aber auch bei herausragenden nationalen Events. So gratulierten die beispielsweise am 24. Juni 2007 Ferrari zum 60. Geburtstag durch einen spektakulären Überflug der firmeneigenen Rennstreck Pista di Fiorano nahe Ferraris Stammwerk in Maranello. Im gleichen Jahr entboten die Frecce Tricolori ihr Beileid zum Tod von Luciano Pavarotti (* 12. Okt. 1935, † 6. Sept. 2007), indem sie am 8. September 2007 die Trauerfeier in Modena mit Rauchfahnen in den italienischen Nationalfarben überflogen. Bereits seit der Saison 2000 untermalen die Frecce Tricolori das Ende ihre Show als Tribut an den großen Tenor mit der Arie »Nessun Dorma« (Ital.: Niemand schlafe) aus der Oper »Turandot« von Giacomo Puccini.

Am 11. und 12. September 2010 feierten die Frecce Tricolori auf ihrer Heimatbasis Rivolto mit einer atemberaubenden Flugschau ihren 50. Geburtstag.

Das Team

Verglichen mit anderen militärischen Formationskunstflugteams, dienen die Piloten der Frecce Tricolori wesentlich länger. So waren beispielsweise im Team der Ramstein-Tragödie ein Pilot mit drei-, zwei Piloten mit vier-, drei Piloten mit sechs- und sogar vier Piloten mit achtjähriger Dienstzeit vertreten.

Grundsätzlich unterscheiden sich die Frecce Tricolori beim Piloten-Auswahlverfahren und dem Einarbeiten der Neulinge nicht von anderen Formationskunstflugstaffeln. Jeder Pilot erhält seine ureigene Position zugewiesen und darf auch nur auf dieser Position fliegen. Für erkrankte oder aus sonstigen Gründen nicht verfügbare Piloten gibt es keine Ersatzleute, weil es praktisch unmöglich ist, innerhalb weniger Stunden, Tage oder gar Wochen eine ungewohnte, nicht einstudierte Position zu übernehmen. Das Unfallrisiko wäre unkalkulierbar.

Im Verband der AMI gelten die Frecce Tricolori als vollwertige, kurzfristig einsatzbereite Erdkampfunterstützungsstaffel. Ihre Jets sind unbewaffnet, nur geringfügig modifiziert und folgerichtig wäre das Team in weniger als 72 Stunden als vollwertiger militärischer Verband einsatzbereit.

La Bomba

Links: In der ersten Phase steigt die Formation steil in den Himmel, fächert nach Passieren des Scheitelpunktes auseinander, um im Sturzflug der Erde entgegen zu rasen. (Foto: Carlos Menendez San Juan)

Rechts: Knapp über dem Erdboden abgefangen, streben die Maschinen sternförmig in alle vier Himmelsrichtungen, während der Solo-Pilot im Zentrum der davonstiebenden Jets seine Maschine steil hochzieht. (Foto: Moroboshi)

MB-339PAN mit kleinem, etwas spitz zulaufendem Bug, winzigen Lufteinläufen mit flachem Querschnitt an den Flügelwurzeln sowie langgestreckten, schmalen Doppelstraken an der Unterseite des hinteren Rumpfabschnitts. Die Aermacchi MB-339 ist eine schöne und – laut Aussage ihrer Piloten – herrlich zu fliegende Maschine. Durch die Frecce Tricolori weltberühmt geworden, konnten sich die vielfältigen serienmäßigen MB-339 im Exportgeschäft nicht durchsetzen.

Das Flugzeug

Fast zwei Jahrzehnte hielten die Frecce Tricolori ihren Fiat G.91PAN die Treue. Aus dieser »Treue« ist allerdings nicht zu schließen, dass in diesen Jahren immer die gleichen »Ginas« geflogen wurden. Im Verlauf der Jahre ist ein Verschleiß von Flugzeugen unvermeidlich und so mussten die Frecce Tricolori ihren Bedarf schließlich aus dem Luftwaffenbestand mit serienmäßigen G.91R decken und auf PAN-Standards umrüsten. Äußerlich unterschieden sich die G.91R von ihren Vorgängerinnen nur durch den mit einem Kamerabug ausgerüsteten Nasenteil.

Schließlich waren aber auch diese exzellenten Maschinen weitgehend abgeflogen und technisch veraltet. Nach Abschluss der Saison 1982 ausgemustert, wurden alle »Ginas« nach der Winterpause am 27. April 1982 durch zweisitzige Aermacchi MB-339PAN ersetzt. Zur Verbesserung der Manövrierfähigkeit und um dem »Kunstflieger« im engen Formationsflug eine bessere Sicht zu bieten, verzichtet diese kunstflugtaugliche Spezialversion auf die Flügelspitzentanks. Entfallen sind auch die äußeren Unterflügelstationen, während an den inneren Waffenpylonen Rauchbehälter mitgeführt werden. Gefüllt sind diese Behälter mit gefärbtem Dieselöl. In die Abgasanlage gespritzt, erzeugen sie die bei Flugvorführungen spektakulären farbigen Rauchfahnen. Ansonsten entsprechen die MB-339PAN dem Schul-, Erdkampf- und Nahunterstützungsmuster MB-339A. Anfang der 1980er-Jahre übernahmen die Frecce Tricolori insgesamt 20 MB-339PAN. Die bereits 2013 angekündigte Ausmusterung der MB-339PAN und ihr Ersatz durch kostengünstigere Alenia Aermacchi M-345 wurde (Stand April 2019) bislang nicht durchgeführt.

MB-339PAN	
Hersteller	Aermacchi
Typ	strahlgetriebenes zweisitziges Kunstflugflugzeug
Spannweite	10,25 m
Länge	10,97 m
Höhe	3,99 m
Triebwerk	bei Piaggio lizenzgefertigtes Turbinen-Luftstrahltriebwerk Rolls-Royce Viper Mk 632-43 ohne Nachbrenner
Triebwerkleistung	17,8 kN
max. Startmasse	4400 kg
Höchstgeschwindigkeit	Mach 0,85/ 926 km/h im Horizontalflug
Dienstgipfelhöhe	14.630 m
Anfangssteiggeschwindigkeit	33,5 m/s
Zellenbelastung	+8/-4 g

JAPAN
BLUE IMPULSE

Japans »Blue Impulse«-sind eines der dienstältesten Formationskunstflugteams der Welt. 1958 zunächst noch inoffiziell und namenlos beim Dai 1 Koku-dan (1. Geschwader) der JASDF (Japanische Selbstverteidigungskräfte – Luftwaffe) auf dem Luftstützpunkt Hamamatsu nahe Tokio mit vier North American F-86F-30NA Sabre formiert, erfolgte Anfang 1960 die Gründung als Kunstflugstaffel »Tenryū« (benannt nach einem Fluss in der Nähe des Stützpunktes). In gewissem Maße können die amerikanischen Thunderbirds als »Väter« der »Tenryū« gelten. Sie hatten bei einem Besuch in Japan nicht nur die Zuschauer begeistert, sondern auch die JASDF-Führung von der hohen Werbewirksamkeit eines solchen Teams überzeugt und zur Aufstellung des offiziellen Kunstflugteams angeregt.

Nach einer kurzen Einarbeitungszeit zeigten die vier Piloten der »Tenryū« ihr Können erstmals Anfang März 1960 in Hamamatsu. Ihre Sabre trugen einen blau-weißen Sonderanstrich; nur die Leader-Maschine war entsprechend ihrer Sonderrolle mit einer besonderen Farbgebung in Gold und Weiß gekennzeichnet. Organisatorisch dem 1. Geschwader zugehörig, trugen alle Maschinen am Seitenleitwerk ein Band mit dem Kennzeichen des Dai 1 Koku-dan, ein schwarz-gelbes Schachbrettmuster. Zur Erzeugung von Rauchfahnen war jede Sabre mit einer Rauchanlage ausgestattet.

Schnell zeigte sich, dass der Name »Tenryū« außerhalb des japanischen Sprachraums publikumswirksam nur schwer zu vermitteln war und so erhielt das Team 1992 seinen bis heute gültigen Namen: »Blue Impulse«. Im darauffolgenden Jahr offiziell zum Formationskunstflugteam der JASDF ernannt, wurde das Team nicht nur um einen Solo-Piloten erweitert, sondern seine Maschinen erhielten auch einen neuen Anstrich (weiß mit blauem Rumpfstreifen und weißblauem Seitenleitwerk).

Ins Licht der Weltöffentlichkeit traten die Blue Impulse bei den Olympischen Spielen in Tokio, wo sie mit ihren Rauchfahnen die olympischen Ringe farbig an den Himmel über dem Olympiastadion zeichneten. Ein schwieriges Manöver, denn jeder Ring hatte einen Durchmesser von rund 1800 m, wobei der Abstand zwischen den Ringen angeblich exakt 348 m betragen haben soll. 1965 übernahmen die Blue Impulse ihre sechste Sabre.

Publikums- und werbewirksam erschienen die sechs Blue Impulse am 15. März 1970 zur Eröffnung der Weltausstellung »Expo 70« über Osaka und zeichneten in einer komplizierten Serie sorgfältig trainierter Manöver mit weißen Rauchfahnen den Schriftzug »EXPO '70« in die Luft.

Im Februar 1982 tauschten die Blue Impulse ihre F-86F gegen Mitsubishi T-2. Dieser strahlgetriebene, überschallschnelle Kampftrainer zur Fortgeschrittenenschulung ist der erste japanische Entwurf eines Militärflugzeuges seit Ende des Zweiten Weltkriegs. Verbunden mit dem Flugzeugwechsel war die Verstärkung des Teams durch einen zweiten Solo-Piloten sowie die Verlegung als Dai 11 Hiko-tai (11. Staffel) zum Dai 4 Koku-dan auf den Luftstützpunkt Matsushima.

Bereits mit Aufnahme des ersten Solo-Piloten waren grundlegende Änderungen – und einige Verbesserungen – des Vorführprogramms verbunden. Grundsätzlich leidet das Programm der Blue Impulse unter der Tatsache, dass sie wegen starkem zivilen Luftverkehr über Japan ihre Show nur in bestimmten Flughöhen und einem Radius von 8 km fliegen dürfen. Formationen und Manöver, die bei anderen Teams üblich sind, können die Blue Impulse deshalb nicht bieten. Ein

Blue Impulse komplett
.(Foto: Amayagan)

Positives haben diese Beschränkungen: Die Vorführungen erfolgen meist in Sichtweite der Zuschauer.

Bei der Eröffnungsveranstaltung der Weltausstellung »Expo 90« in Osaka am 1. April 1990 zaubern die Blue Impulse »EXPO '90« an den Himmel.

Blue Impulse aktuell

Nach 175 Flugvorführungen trennen sich die Blue Impulse im Dezember 1995 von ihren Mitsubishi T-2 und steigen auf den Strahltrainer Kawasaki T-4 um; insgesamt werden dem Team acht T-4 zugeteilt.

Ihre erste Show mit diesem neuen Flugzeugtyp zeigen die Blue Impulse im April 1996 und im folgenden Jahr werden die Japaner sogar zur Flugschau auf der Nellis Air Force Base bei Las Vegas (US-Bundesstaat Nevada) eingeladen; Anlass ist der 50. Geburtstag der US Air Force.

1998 zeigen die Blue Impulse ihr fliegerisches Können bei der Eröffnung der Olympischen Winterspielen in Nagano (Japan). Wegen des gebirgigen Geländes zeichnen sie diesmal »nur« die olympischen Farben und keine Ringe an den Himmel. Ihr nächster großer »Flug« ins Licht der Weltöffentlichkeit erfolgt im Rahmen der Fußball-Weltmeisterschaft 2002 (31. Mai – 30. Juni) zur Eröffnung des Spiels Japan gegen Belgien am 4. Juni 2002.

Einzigartig ist wohl, dass die Blue Impulse Ende der 1990er-Jahre durch ein eigenes, von den JASDF lizenziertes Videospiel (in Europa und Nordamerika als »AEROWINGS« bekannt) endgültig weltberühmt wurden.

Das Team

Seit 1982 sind die Blue Impulse als Dai 11 Hiko-tai (11. Staffel) beim Dai 4 Koku-dan auf dem Luftstützpunkt Matsushima stationiert und dem Koku Kyoiku Shudan (Ausbildungskommando) unterstellt. Alle Piloten sind Fluglehrer und für das Team auf freiwilliger Basis in einem harten Auswahlverfahren ausgewählt. Während der Saison (dauert von September bis zum Frühjahr nächsten Jahres) absolviert das Team rund 30 Flugvorführungen.

Die T-4 der Blue Impulse.
(Foto: Amayagan)

Das Flugzeug

Unter der Leitung des japanischen Luft- und Raumfahrtspezialisten Kohki Isozaki konstruiert, beginnt 1986 die Serienfertigung der zweistrahligen T-4. Generalunternehmer ist Kawasaki, während Mitsubishi Rumpfmittelteil und -heck, Triebwerklufteinläufe und Seitenleitwerk liefert. Für Rumpfnase und Flügel zeichnet Fuji verantwortlich. Kawasaki liefert alle übrigen Komponenten und übernimmt Endmontage und Flugerprobung.

Nachdem der Jungfernflug am 29. Juli 1985 geglückt war, beginnt 1986 die Serienfertigung. Primär als Trainer entwickelt, besticht die T-4 durch hervorragende Flugeigenschaften, exzellente Manövrierfähigkeit und geringe Betriebskosten. Die T-4 der Blue Impulse unterscheiden sich von den Standardtrainern praktisch nur durch ihre Rauchanlage und die gegen Vogelschlag verstärkte Cockpithaube. Hoch angesetzt, bietet das Cockpit ausgezeichnete Sicht. Das Bugradfahrwerk ist robust konstruiert und verkraftet auch harte Landungen mühelos. Die konventionell konstruierten und relativ hoch angesetzten Flügel verleihen exzellente Manövriereigenschaften im Unterschallbereich. Typisch für moderne Strahltrainer ist das hohe Seitenleitwerk. Das tief (unterhalb der Flügel!) angesetzte Höhenleitwerk soll dazu beitragen, widrige Effekte beim versehentlichen Eintritt ins Trudeln zu verhindern.

Kawasaki T-4	
Hersteller	Kawasaki, Kobe/Japan
Typ	zweisitziger Strahltrainer für Anfänger- und Fortgeschrittenenschulung
Spannweite	9,94 m
Länge	13,00 m
Höhe	4,60 m
Triebwerk	zwei Strahltriebwerke Ishikawajima-Harima F3-IHI-30
Triebwerkleistung	16,28 kN
Startmasse	7500 kg
Höchstgeschwindigkeit	1038 km/h
Startstrecke	610 m
Landestrecke	640 m
Dienstgipfelhöhe	15.240 m
Reichweite	1300 km
Überführungsreichweite	1600 km +
Anfangssteiggeschwindigkeit	3050 m/min
Kunstflugzellenbelastung	+7,33/-3 g

(Foto: Airwolfhound)

Die Snowbirds sind für ihre extrem eng geflogenen Formationen berühmt; hier ihre neun Tutor als »Big Diamond«. Manche Manöver fliegen die Maschinen mit Abständen von nur 1,20 m.

Mit dem blauen Rumpfstreifen erinnern die Snowbirds an ihre Vorgänger »Golden Centennaires«.

sich gewöhnlich auf Vorführungen in Kanada und einige wenige in den USA. So startete die Saison 2019 am 18./19. Mai mit Vorführungen in Barksdale AFB (US-Bundesstaat Louisiana) und soll – ebenfalls in den USA – am 5./6. Oktober in Huntington Beach (Kalifornien) enden.

Mit ihrem Training und Aufbauprogramm für die nächste Saison beginnen die Snowbirds im Frühjahr (meistens im April) auf dem Stützpunkt CFB Comox (Provinz British Columbia).

Dass die Uhren in den Weiten Kanadas noch zu Beginn des 21. Jahrhunderts anders gingen als in Europa oder den USA, bewiesen unter anderem die Bedingungen, die von den Snowbirds an die Veranstalter der Air Shows stellten. Zwar stellten die Snowbirds für ihre Flugvorführungen keine Kosten in Rechnung, erwarteten jedoch, dass die Veranstalter die Organisationskosten vor Ort übernahmen. Beispielsweise die Reservierung von Hotelzimmern im besten Haus am Platz sowie die Bereitstellung von Getränken für die Mechaniker – und eine mobile Toilette.

Seit Bestehen der Snowbirds sind acht ihrer Piloten tödlich verunglückt.

Das Team

1971 mit sieben Piloten gegründet, ist das Team inzwischen in ein »Show Team« und ein »Home Team« gegliedert. 2019 bestand ihr Personal aus insgesamt 73 handverlesenen Angehörigen der kanadischen Luftstreitkräfte.

Neben seinen neun Show-Piloten umfasst das »Show Team« zwei fliegende Team-Manager (Coordinator) für Planung und Administration, einen Presseoffizier sowie zwei Personalmitarbeiter und einen Technik Koordinator.

Der Stab (Command) umfasst neben dem Commanding Officer Lieutenant-Colonel Mike French noch vier weitere Offiziere.

Das Auswahlverfahren für Piloten folgt ähnlichen Prinzipien wie bei allen führenden militärischen Formationskunstflugstaffeln. Gewöhnlich bleiben die Piloten für drei Jahre im Team.

Ihr »Boss« muss den Dienstgrad eines Majors haben und früher bereits bei den Snowbirds geflogen sein. Jährlich verlässt rund ein Drittel der Piloten das Team. Um die freiwerden Plätze bewerben sich durchschnittlich acht Piloten. Bewerber müssen langjährige Angehörige der kanadischen Luftstreitkräfte sein, mindestens 1300 Flugstunden auf Hochleistungsflugzeugen nachweisen können und von ihren vorgesetzten Dienststellen empfohlen werden. Wer es schafft in die engere Wahl zu gelangen, muss anschließend bei speziellen Tests in Moose Jaw beweisen, dass er nicht nur ein herausragendes fliegerisches Können besitzt, sondern auch psychisch und physisch kunstflugtauglich ist. Außergewöhnliche Anforderungen werden auch an Techniker und Wartungspersonal (Air Maintenance Flight; 2019 44 Personen) gestellt. Hier ergibt sich eine besonders schwierige Situation. Der Grund: Da die Tutor bei den Einsatz- und Ausbildungsverbänden seit Jahren ausgemustert sind, ist die Anzahl geeigneter technischer Spezialisten inzwischen sehr »überschaubar« und folglich ist die Führung der Snowbirds bestrebt, diese rar gewordenen Männer und Frauen möglichst lange zu behalten.

Im Bereich Logistik und Administration (Logistical and Administration Flight) dienten 2019 neun Personen. 2019 umfasste das Snowbirds-Team insgesamt 73 Angehörige der Royal Canadian Air Force.

(Foto: MatthiasKabel)

KROATIEN
KRILA OLUJE

Als in den 1990er Jahren der Staat Jugoslawien zerfällt, findet auch Kroatien als ehemalige Teilrepublik zu staatlicher Souveränität. Nach erfolgreichem Referendum (19. Mai 1991) über die Unabhängigkeit, erklärt Kroatien im Juni 1991 seine Unabhängigkeit. Die de facto von Serbien dominierte Jugoslawische Volksarmee versucht, Kroatiens Unabhängigkeitsbestrebungen militärisch niederzuwerfen und es entbrennt der erst 1995 endende Bosnienkrieg.

Auf den Trümmern der ehemaligen jugoslawischen Teilrepublik wird auch die kroatische Luftwaffe gegründet. Eine rein symbolische Handlung, denn diese Streitmacht verfügt anfangs über keinerlei Fluggeräte, weil die jugoslawische Armee bei ihrem Abzug alle Kampfflugzeuge entweder mitgenommen oder zerstört hatte. Erst als vier kroatische Piloten mit ihren MiG-21 aus der jugoslawischen Luftwaffe desertieren und weitere Kampfflugzeuge von der GUS (Gemeinschaft Unabhängiger Staaten, Zusammenschluss verschiedener Nachfolgestaaten der UdSSR) beschafft werden können, entwickelt die kroatische Luftwaffe eine be-

Das Team »Krila Oluje« der Saison 2019 unter Führung von Kapitän Darko Belančić: Piloten und Wartungscrew. Seine primären Ziele: Als »Botschafter im Cockpit« die Disziplin und Teamarbeit der kroatischen Luftwaffe demonstrieren. (Foto: Mladen Čobanović)

scheidene Schlagkraft. Nach dem Krieg werden verschiedene Fluggeräte ausgemustert und der Flugzeugbestand bis 2003 größtenteils erneuert.

Es spricht für die Energie und den Behauptungswillen der kroatischen Luftwaffe, dass in diesen turbulenten Jahren im Rahmen ihres Ausbildungszentrums ein Formationskunstflugteam entsteht. Die meisten Piloten dienen als Fluglehrer beim Ausbildungszentrum der Kroatischen Luftstreitkräfte und Luftabwehr »Rudolf Perešin« auf dem Luftwaffenstützpunkt Zadar-Zemunik. Ausgerüstet mit vier Pilatus PC-9M des Ausbildungszentrums, zeigt das Team seine Flugkünste erstmals bei der Eröffnungs-feier der europäischen Segelmeisterschaften in Zadar am 22. Juli 2004.

Nachdem das Team Krila Oluje am 5. August 2005 in Knin bei den Feiern zum zehnten Jahrestag der als Oluja (Sturm) bekannten Militäroperation im Kroatienkrieg ein begeisterndes Flugprogramm geboten hatte, wird es noch im selben Jahr offiziell zum Formationskunstflugteam der kroatischen Luftwaffe ernannt, »Krila Oluja« (Flügel des Sturms) getauft und erhält eine fünft PC-9; eine sechste PC-9M folgt 2009.

Längst sind die »Flügel des Sturms« etabliert. Dies zeigte sich im ersten Halbjahr 2019, als sie im April gemeinsam mit den Frecce Tricolori über Zadar trainierten und im Juni die »Red Arrows« in Zadar zu einer gemeinsamen Flugschau empfingen. Bei diesem vierten Besuch der »Red Arrows« in Kroatien präsentierten sie im Rahmen einer fast eine halbe Stunde dauernden Air Show insgesamt 25 Formationen und Manöver.

Das Flugzeug

Mit der seit 1978 gebauten PC-7 hatte Pilatus ein äußerst erfolgreiche Schulflugzeug mit Turboprop-Antrieb im Programm. Schon bald tauchte jedoch starke Konkurrenz auf und die Anforderungen der Luftstreitkräfte stiegen. Unter diesen Vorzeichen begann Pilatus im Mai 1982 mit der Entwicklung der PC-9. Am oberen Leistungsspektrum angesiedelt, war sie für die Fortgeschrittenenschulung gedacht. Zwar setzte Pilatus weiter auf ein Triebwerk der bewährten PT6-Baureihe, erhöhte aber die Startleistung von 410 auf 857 kW. Um diese Leistung zu nutzen, waren Änderungen am Seitenleitwerk, an der Triebwerksteuerung sowie aerodynamische Verfeinerungen an der Tragfläche nötig. Auch der Rumpf wurde neu ausgelegt und die Piloten saßen in der Höhe gestaffelt auf modernen Martin-Baker-Schleudersitzen mit integrierter Überlebensausrüstung.

Am 7. Mai 1984 glückte der Jungfernflug und bis zur Zulassung im September 1985 konnte das Flugversuchsprogramm zügig absolviert werden.

Dank einem modernen, klimatisierten Glas-Cockpit, hoher Leistung und Wendigkeit sowie leichter Handhabung ist die Pilatus P-9M das ideale Schulflugzeug für Anfänger und Fortgeschrittene. Die Frontscheibe ist vogelschlagresistent; der hintere Sitz ist 15 cm höher angeordnet. Das Bugradfahrwerk ist einziehbar mit hydraulischen Scheibenbremsen.

PC-9M Turbo Trainer	
Hersteller	Pilatus Flugzeugwerke AG, Stans/Schweiz
Typ	zweisitziges Schulflugzeug
Spannweite	10,19 m
Länge	10,18 m
Höhe	3,26 m
Triebwerk	Propellerturbine Pratt & Whitney Canada PT6A-62
Triebwerkleistung	708 kW
Leermasse	1781 kg
Startmasse	2350 kg bei Kunstflugeinsätzen
Geschwindigkeit	593 km/h
Steigrate	19,70 m/s
Startstrecke	397 m über 15 m Hindernis
Landestrecke	687 m über 15 m Hindernis
Dienstgipfelhöhe (m)	11.580 m
Reichweite	1593 km
Propeller	Hartzell Fünfblatt-Propeller aus Aluminium
Zellenbelastung	+7/-3,5 g

25. August 2018: Eine PC-9M der Krila Oluje bei der Radom Air Show/Polen. (Foto: Jakub Hałun)

(Foto: Alan Wilson)

POLEN
BIAŁO CZERWONE ISKRY

Biało Czerwone Iskry (deutsch: weiß-rote Funken) sind das erste Formationskunstflugteam der polnischen Luftstreitkräfte. Ihre Geschichte beginnt am 16. Februar 1969 als Teil des 60. Ausbildungsregiments auf dem Luftwaffenstützpunkt Radom-Sadów. Anfangs bestand das Team aus sechs Piloten, davon zwei Solisten. Anfangs noch namenlos, wurde die Staffel nach der »Diamond«-Formation, der Hauptfigur ihrer Flugschau, schon bald als »Rombik« (poln. Diamant) bekannt. Ausgerüstet mit vier kunstflugtauglichen PZL MielecTS-11 Iskra, erschien Rombik zunächst als kleinere Gruppe oder sogar mit einzelnen Maschinen bei Flugtagen und Militärparaden. Organisatorische Probleme verhinderten einen zügigen Aufbau. Erst am 17. August 1971 konnte Rombik komplett beim polnischen Tag der Luftfahrt in Dęblin (Demblin) erscheinen und sein Debüt als Formationskunstflugteam geben. Dęblin war der Start zu zahlreichen erfolgreichen Flugvorführungen vor begeisterten polnischen Zuschauern.

Leider dauerte dieses ungetrübte Fliegerleben nur ein Jahrzehnt. Als wegen innenpolitischen Unruhen in Polen 1981 das Kriegsrecht ausgerufen wurde, löste man das Team auf

(Foto: Jakub Hałun)

und berief die Piloten zu ihrnen Einsatzverbänden zurück. Drei Jahre vergingen, bis sich die innen- und militärpolitischen Verhältnisse soweit stabilisiert hatten, dass sechs Piloten eine neue Rombik formieren konnten. Am 15. Juli 1984 zeigte sich das Team in Poznań (Posen) erstmals wieder in der Öffentlichkeit.

Eine wirklich umwälzende Änderung gab es allerdings erst 1989, als Rombik auf sechs Iskra vergrößert und in Iskry (deutsch: Funken) umgetauft wurde. Ihr Debüt gab Iskry zwei Jahre später bei einem Flugtag in Poznań, wobei ihre Maschinen erstmals in den polnischen Nationalfarben Weiß und Rot erschienen.

Inzwischen hatten sowohl Polens politische als auch militärische Führung die Bedeutung der Kunstflugstaffel als »Bannerträger« ihres Landes erkannt und so wurde die Iskry-Flotte im Mai 1993 auf neun Maschinen aufgestockt.

Länger als fünf Jahre blieb Iskry das Glück treu. Dann – am 11. November 1998 – ereilte das Team die Katastrophe: Vor dem Beginn der Parade zum Unabhängigkeitstag zur Wetteraufklärung gestartet, stürzte »Iskry 5« ab; beide Besatzungsmitglieder fanden den Tod. Die Folge war, dass das Team umgehend alle Aktivitäten beendete. Erst nach fast zwei Jahren und umwälzenden Umstrukturierungen der polnischen Luftstreitkräfte wurde Iskry am 17. Juni 2000 wiederbelebt. Symbolträchtig für den Neubeginn nicht nur nach Dęblin verlegt und in Biało Czerwone Iskry umbenannt, erhielt das Team auch ein neues Emblem. Das in den Nationalfarben Weiß und Rot gestaltete Emblem trägt den Schriftzug »BIAŁO – CZERWONE ISKRY« und »POLAND – DĘBLIN« und zeigt im Zentrum vier Flugzeuge.

Biało Czerwone Iskry aktuell

Mit nur vier Piloten gegründet, besteht das Team inzwischen aus neun Piloten und sieben TS-11 Iskra. Alle Piloten sind Freiwillige und Fluglehrer des Ausbildungsluftstützpunktes Dęblin. 1999 der NATO beigetreten und seit 2004 Mitglied der Europäischen Union, erscheinen sie seitdem gelegentlich auch bei großen Flugveranstaltungen und Gedenktagen im Ausland. Ihre Maschinen und Flugkünste erregen Aufmerksamkeit, begeistern die Zuschauer und erweisen sich als echte »Hingucker«. Meistens – beispielsweise 2018 und 2019 – präsentieren sich die Rot-Weißen-Funken nur vor heimischem Publikum.

Bei seinen Auslandsreisen werden Mechaniker und technisches Gerät sowie die nicht-fliegenden Angehörigen des Teams mit einem Transportflugzeug (beispielsweise eine CASA C-295M) der polnischen Luftwaffe befördert.

(Foto: Jakub Hałuń)

September 2015 bei einer Air Show in Polen. Im Vordergrund »Iskra 6«, dahinter Maschinen des spanischen Teams »Patrulla Águila«. (Foto: Gian Marco Anzellotti)

Das Flugzeug

Die Planungen für den zweisitzigen Strahltrainer PZL TS-11 Iskra (Funke) für Anfänger und Fortgeschrittene begannen 1957 unter der Leitung von Tadeuz Soltyk. Vier Prototypen wurden gebaut und der Erstflug erfolgte am 5. Februar 1960. Im folgenden Jahr erhielt der Typ (»TS« steht für »Tadeuz Soltyk«) die Musterzulassung und ging in Serienfertigung. 1964 begann der Ausbildungsdienst bei der polnischen Luftwaffe.

Die TS-11 wurde als freitragender Ganzmetall-Mitteldecker in Halbschalenbauweise mit Einziehfahrwerk nach dem schlichten Konstruktionsprinzip »Rumpfgondel mit Leitwerksausleger und ungepfeiltem Tragwerk« verwirklicht. Angetrieben wird die Maschine von dem in Polen entwickelten und hinter dem Cockpit im Rumpf installierten Strahltriebwerk HO-10, dem schon bald die schubstärkeren Modelle SO-1, SO-3 und SO-3W folgen. Die Treibwerklufteinläufe (mit Schutzgittern) sind an den Flügelwurzeln und der Strahlaustritt unter dem röhrenförmigen Leitwerksträger angeordnet.

Sieht man von der weiß-roten Bemalung ab, sind die Iskra des Teams Biało Czerwone Iskry fast identisch mit den Standardmaschinen. Bemerkenswert ist natürlich der im Leitwerksträger über dem Strahlaustritt eingebaute Ölbehälter zur Rauchfahnenbildung. Alle Maschinen sind unbewaffnet.

Charakteristisch für die Iskra ist das niedrige Bugradfahrwerk. Die Kabine mit den beiden hintereinander angeordneten Sitzen wird durch eine große, einteilige Haube geschlossen.

Die Serienfertigung endete 1987; Gesamtproduktion etwa 550 Maschinen.

TS-11 Iskra -Bis DF	
Hersteller	PZL (Polskie Zaklady Lotnicze) Mielec, Mielec/Polen
Typ	zweisitziger Strahltrainer für Anfänger- und Fortgeschrittenenschulung
Spannweite (m)	10,06 m
Länge (m)	11,15 m
Höhe (m)	3,50 m
Triebwerk	Strahltriebwerk IL SO-3W
Triebwerkleistung (kN)	10,79 kN
Startmasse	3243 kg mit 570 Liter interner Kraftstoff
Höchstgeschwindigkeit	770 km/h in 5700 m Höhe
Startstrecke (m)	655 m
Landestrecke (m)	710 m
Dienstgipfelhöhe (m)	11.500 m
Reichweite	450 km mit 570 Liter interner Kraftstoff
Überführungsreichweite	1260 km
Anfangssteiggeschwindigkeit	14,80 m/s
Zellenbelastung	+8/-4 g

(Foto: Airwolfhound)

POLEN
TEAM »ORLIK«

Wie die Schweizer Luftwaffe ihr PC-7 TEAM, so rüstete auch die polnische ihr zweites Formationskunstflugzeug 1998 mit Turbo-Trainern aus. Der Name des Teams bezieht sich in erster Linie auf den Schreiadler (poln. Orlik) als Wappenvogel der polnischen Luftstreitkräfte, ist sekundär aber auch vom Namen des Flugzeuges abgeleitet: PZL-130 »Orlik«.

Die Erfolge ihrer auf demselben Stützpunkt beheimateten Kameraden des Teams Biało Czerwone Iskry und des PC-7 TEAM der Schweizer Luftwaffe, scheinen für die Gründung der Staffel nicht unerheblich gewesen zu sein. So schlossen sich in der zweiten Hälfte der 1990er-Jahre vier Fluglehrer des Ausbildungsluftstützpunktes Radom zur Formierung eines Formationskunstflugstaffel zusammen. Als ihre Kunstflugplattform wählten sie den 1994 bei den polnischen Luftstreitkräften in Dienst gestellten Turbo-Trainer (Anfänger- und Fortgeschrittenenschulung) PZL-130 »Orlik«.

Offiziell am 1. Januar 1998 gegründet, begann das Formationskunstflugtraining im März 1998 und schon am 15. April desselben Jahres präsentierte »Orlik« ein bereits sehr ausgewogenes Flugprogramm. Ein Solo-Pilot vergrößerte das Team und dann wagten die Polen, sich beim Royal International Air Tattoo (RIAT) anzumelden. Im Juli 1998 erschienen sie dort als unbekannte Neulinge. Vom internationalen,

22. August 2015, Flugtag in Radom (Polen). Team »Orlik« rollt zum Start – die Show beginnt! (Foto: Oleg V. Belyakov)

Oben: »Opposing Knife Edge Pass«. Die Solo-Piloten fliegen dieses Gegenmanöver wirklich auf Messersschneide, steuern im Tiefflug aufeinander zu und passieren einander in wenigen Metern Abstand. (Foto: Team »Orlik«)

Unten: Welch außergewöhnlich hohes fliegerisches Können Team »Orlik« präsentiert, beweisen die Solo-Piloten beim spektakulären »Calypso Pass«-Manöver im sogenannten »Spiegelflug«. (Foto: Jakub Hałun)

verwöhnten Publikum zunächst neugierig und skeptisch empfangen, beendeten sie ihre Flugschau schließlich unter enthusiastischem Beifall.

Der Erfolg beim RIAT ermutigte die Teammitglieder – und die Führung der polnischen Luftstreitkräfte – und beflügelte den militärischen Formationskunstflug in Polen insgesamt. Nur wenigen Wochen nach ihrem Auftritt beim RIAT bildete das Team Orlik bei einer Flugschau in Dęblin gemeinsam mit dem 60. Regiment der polnischen Luftwaffe eine Formation von 21(!) Maschinen, die allein schon durch ihre Größe die Zuschauer tief beeindruckte.

»Orlik« zeigt sich meistens nur vor einheimischem Publikum und ist folglich bei Flugveranstaltungen außerhalb Polens ein seltener, aber gern gesehener Gast. 1999 erschien das Team bei Flugveranstaltungen in der Slowakei, beim RIAT und wurde in Litauen als beste Formationskunstflugstaffel ausgezeichnet. Im darauffolgenden Jahr wurde »Orlik« zum International Aerobatic Teams Fly-In nach Dijon (Frankreich) und zur Feier des 50. Jahrestages der Battle of Britain (Luftschlacht um England) auf der Biggin Hill International Air Fair (größte privat finanzierte Air Show Europas) eingeladen. Aus dem Jahr 2001 ist hervorzuheben, dass »Orlik« auch beim Tag der offenen Tür der niederländischen Luftwaffe in Leeuwarden begeistert empfangen wurde.

Team »Orlik« aktuell

2003 wurde »Orlik« auf neun Piloten vergrößert. Inzwischen besteht das Team aus zwölf Piloten, von denen je einer als Ersatzmann bereitsteht bzw. als »Speaker« die Öffentlichkeitsarbeit übernimmt. Alle diese Piloten sind Freiwillige. Neben »Iskry« zweiter fliegerischer Werbeträger und Botschafter Polens, erscheint »Orlik« mittlerweile auch häufiger bei prestigeträchtigen Veranstaltungen im Ausland; beispielsweise 2016 in England beim Royal International Air Tattoo (RIAT).

Wie alle Formationskunstflugteams weltweit, kann »Orlik« zwar sein Programm terminlich gestalten, hat aber auf die vor Ort herrschenden Wetterverhältnisse keinerlei Einfluss. Wie andere Teams behilft sich »Orlik« deshalb mit der Gestaltung von zwei Programmvarianten: eine für gute, eine für schlechte Wetterbedingungen. Was den Zuschauern schließlich geboten werden kann, entscheidet sich häufig erst kurzfristig vor dem Start. Grundsätzlich dauert jede Vorführung rund 20 bis 30 Minuten und umfasst – wetterabhängig – klassische Manöver wie »Gans«, »Schwan«, »Diamond« und »Delta«. Die Tage, als Team »Orlik« noch skeptisch als Neuling betrachtet wurde, sind längst Vergangenheit. Mittlerweile zählen die »Schreiadler« zu den angesehensten militärischen Formationskunstflugstaffeln Europas.

Das Flugzeug

Die PZL-130 »Orlik« dient den polnischen Luftstreitkräften als Anfänger- und Fortgeschrittenen Schulflugzeug. Die Entwicklungsarbeiten begann 1981, die Flugerprobung 1982 und der erfolgreiche Erstflug wurde im Oktober 1984 absolviert. Die polnische Luftwaffe übernahm ihre ersten »Orlik« im Jahr 1992.

Als Zweisitzer konstruiert, gilt die »Orlik« – dank zahlreichen leistungssteigernden Maßnahmen – immer noch als modernes und ideales Schulflugzeug.

Die Maschinen des Teams »Orlik« der Version PZL-130 TCII »Orlik« unterscheiden sich von den »normalen« Schulflugzeugen nur durch den Raucherzeugungsbehälter. Am Unterrumpf montiert, können die Rauchfahnen vom Piloten durch Knopfdruck ausgelöst werden.

PZL-130 TCII »Orlik«
(Foto: Jakub Hałun)

PZL-130 TCII »Orlik«	
Hersteller	PZL Mielec, Mielec/Polen
Typ	zweisitziger Turbo-Trainer für Anfänger- und Fortgeschrittenenschulung
Spannweite	10,00 m
Länge	9,30 m
Höhe	3,53 m
Triebwerk	Propellerturbine Pratt & Whitney Canada PT6A-25C
Triebwerkleistung	750 PS
Startmasse	2950 kg
Höchstgeschwindigkeit	501 km/h
Startstrecke	250 m
Landestrecke	370 m
Dienstgipfelhöhe	10.060 m
Reichweite	460 km
Überführungsreichweite	1500 km +
Anfangssteiggeschwindigkeit	954 m/min
Kunstflugzellenbelastung	+6/-3 g

(Foto: Feliciano Guimarães)

PORTUGAL
ASAS DE PORTUGAL

Die Asas de Portugal (Flügel von Portugal) sind die bisher letzte einer ansehnlichen Reihe von Kunstflugstaffeln der Força Aérea Portuguesa (portugiesische Luftstreitkräfte). 1977 mit Fluglehrern der mit der Anfängerschulung betrauten Esquadra 102 »Panchos« gegründet, übernimmt das Team aus dem Schulbestand zehn Cessna T-37C, die von der Wartungscrew der Schule mit Raucherzeugungsanlagen für die portugiesischen Nationalfarben ausgerüstet sind.

Kaum gegründet, ist das Fortbestehen des Teams in den 1980er-Jahren immer wieder durch Kürzungen des Wehretats gefährdet. Ein vorübergehendes Aus bringt schließlich die Ausmusterung aller T-37 in den 1990er-Jahren. Aber irgendwie geht es immer weiter und so werden die Asas de Portugal 1997 wiederbelebt, in die Esquadra 103 »Caracóis« integriert und mit Alpha Jet E (»E« steht für französisch »École« = Schule) ausgerüstet. Nun besteht die Mannschaft aus sieben Piloten und einem Wartungsteam. Aber zu früh gefreut: Kein Jahr ist vergangen, als dem Team erneut die Flügel gestutzt werden – diesmal aus logistischen Gründen.

Cessna T-37C der Asas de Portugal, ausgestellt auf dem Stützpunkt Beja anlässlich der Feiern zum 50. Geburtstag der Força Aérea Portuguesa. (Foto: I, Batataxpto69)

(Foto: André Silva)

(Foto: André Silva)

(Foto: Felipe Ortega)

Alpha Jet E der Asas de Portugal. Am Seitenleitwerk das Emblem der Asas de Portugal. Die Piloten fliegen auf Stencel-Schleudersitzen. Der Tragflügel hat einschlitzige Fowlerklappen und vordere Klappen am Außenflügel. Die Anfluggeschwindigkeit beträgt dadurch nur rund 200 km/h. Das Fahrwerk ist mit Niederdruckreifen ausgestattet. (Foto: I, Batataxpto69)

Für die Gedenkfeier zum 50. Geburtstag der Força Aérea Portuguesa will man in Lissabon dann aber doch nicht auf Kunstflugdemonstrationen verzichten und so präsentieren die »Caracóis« ein ansehnliches, eine gute Viertelstunde dauerndes Kunstflugprogramm. Drei Jahre später – 2005 – erneu »aktiviert«, wird das Team 2010 noch vor dem Beginn der Saison wieder aufgelöst. Dennoch erscheinen die Asas de Portugal im August/September 2014 mit zwei Alpha Jet bei der internationalen Flugschau Air14 oder »100 Jahre Schweizer Luftwaffe Airshow« auf dem Militärflugplatz Payerne. Bleibt zu hoffen, dass die Zukunft der Asas de Portugal nun endlich gesichert und von langer Dauer ist.

Das Flugzeug

1997 werden die Asas de Portugal mit Alpha Jet aus den Beständen der deutschen Luftwaffe ausgerüstet. Der Alpha Jet war ein sehr wirkungsvolles Waffensystem und herausragendes Schulflugzeug. Er eignete sich zur Fortgeschrittenenschulung späterer Piloten von Hochleistungsflugzeugen. Einer breiten Öffentlichkeit wurde er durch Kunstflugvorführungen bekannt – sowohl Formationsvorführungen und Solo-Einlagen. Seine Existenz verdankt der Alpha Jet deutsch-französischen Bestrebungen der 1960er-Jahre, einen modernen Strahltrainer für beide Luftwaffen zu bauen.

Allerdings beschloss die deutsche Luftwaffe schließlich, ihre Pilotenausbildung in den USA zu belassen und den Alpha Jet entgegen den ursprünglichen Planungen als leichtes Kampfflugzeug zu verwenden. Überzählige deutsche Alpha Jet wurden an finanzschwache NATO-Partner verkauft – unter anderem an Portugal.

Alpha Jet E	
Hersteller	Dassault-Breguet/Dornier (Frankreich/Deutschland)
Typ	Strahltrainer für Fortgeschrittene
Spannweite	9,11 m
Länge	12,29 m
Höhe	4,19 m
Triebwerk	zwei Mantelstromtriebwerke SNECMA/Turboméca Larzac 04-C5
Triebwerkleistung	je 13,24 kN
max. Startmasse	5000 kg
Höchstgeschwindigkeit	in 10.000 m Höhe Mach 0,85, in Meereshöhe 1000 km/h (im Horizontalflug)
Dienstgipfelhöhe	14.630 m
Überführungsreichweite	max. 2940 km
Zellenbelastung	+12/-6,4 g

MiG-29S der Strischi.
(Foto: Alan Wilson)

RUSSLAND
RUSSKIJE WITJASI – RUSSISCHE RITTER

Es erscheint wie eine Ironie der Geschichte: Als die Sowjetunion zerfällt, entstehen im Verband der neuen Luftstreitkräfte der Russischen Föderation gleich mehrere Kunstflugstaffeln. Bekannt rund um den Globus sind heute noch die am 6. Mai 1991 gegründeten Strischi (deutsch: Mauersegler), die 1992 gegründete Hubschrauber-Kunstflugstaffel Berkuti (deutsch: Steinadler) und die wohl berühmteste, am 5. April 1992 gegründeten Russkije Witjasi (deutsch: Russische Ritter).

Während die Strischi mit MiG-29 ausgerüstet sind und die Berkuti den zweisitzigen Kampfhubschrauber Mi-28 fliegen, glänzen die Russischen Ritter mit Su 27 und Su 30.

Geschichte

Rund ein halbes Dutzend Jahre nachdem die sowjetischen Luftstreitkräfte mit der Su-27 (NATO-Code: Flanker) das damals vermutlich wendigste strahlgetriebene Jagdflugzeug der Welt eingeführt haben und die unvermeidlichen Kinderkrankheiten ausgemerzt sind, formiert sich auf dem Militärflugplatz Kubinka bei Moskau das Formationskunstflugteam Russkije Witjasi. Ausgestattet mit je drei Jagdeinsitzern

Das Team »Russische Ritter« bei der LIMA 2017. Unter den erfahrensten und physisch-psychisch-stärksten Piloten der russischen Luftwaffe nach strengsten Kriterien ausgewählt, kann jeder rund 1000 bis 2500 Flugstunden auf Hochleistungs-Kampfflugzeugen nachweisen. (Foto: Mil.ru)

Mi-28 der Berkuti.
(Foto: Nick Savchenko)

Su-27 und zweisitzigen Su-27B, wird das Team am 5. April 1991 offiziell gegründet. Die Su-27 ist trotz ihrer wuchtigen Erscheinung eines der wendigsten Jagdflugzeuge der Welt und gehört zu den stärksten Kampfflugzeugen, die jemals von Kunstflugteams bei Schauveranstaltungen geflogen wurden.

Die legendäre Wendigkeit der Su-27 demonstrierte Suchois Cheftestpilot Viktor Pugatschew 1989 auf der Pariser Luftfahrtschau mit der von ihm erdachten »Pugatschew Kobra«. Bei dieser dynamisch herbeigeführten Beschleunigung wird die Flugzeugnase ruckartig in die Vertikale hochgerissen und anschließend in die Horizontale zurückgeführt, während sich die Maschine weiter vorwärtsbewegt, ähnlich den Bewegungen einer angreifenden Schlange. Mit anderen Worten: Bei dieser Flugfigur nimmt Pugatschew aus dem Hochgeschwindigkeitsflug die Nase hoch und bremst, indem er die »Flanker« fast senkrecht stellt. Im Luftkampf würde ein Verfolger überrascht, könnte nicht bremsen und müsste unter der »Flanker« vorbeijagen. Diese senkt nun die Nase nach unten und nimmt ihrerseits die Verfolgung auf. Folgerichtig ist »Kobra« mehr als eine Flugfigur und beweist, dass es einem »Flanker«-Piloten möglich ist, sich einer bedrohlichen Situation zu entziehen und in eine optimale Schussposition zu gelangen.

Im Ausland präsentieren sich die Russischen Ritter erstmals am 24. August desselben Jahres bei der polnischen Air Show in Poznań (Posen). Noch im selben Jahr folgen Besuche in Malaysia (LIMA'91 = Langkawi International Maritime & Aerospace Exhibition 1991) und Großbritannien. Die Herzen der Briten erobern die Russischen Ritter, als sie ihren Englandbesuch nutzen, um der britischen Königinmutter (Queen Mum) im Oktober 1991 mit frisch lackierten Maschinen über Castle of Mey (im äußersten Norden Schottlands gelegen) ihre Referenz zu erweisen.

Auch die folgenden Jahre sahen die Russischen Ritter nicht nur bei Flug- und Gedenktagen und Paraden in der Heimat, sondern als gern gesehene Gäste auch in den USA, in Frankreich, Kanada, Malaysia, Belgien, Luxemburg und Turkmenistan. Mit ihren großartigen Formationen und Solo-Manövern begeistern sie das Publikum.

Leider bleiben auch die Russischen Ritter von Unfällen nicht verschont. Selbst bei den erfahrensten Piloten genügt beim engen Formationsflug nur eine sekundenlange Unaufmerksamkeit oder technische Störung oder widrige Wetterverhältnisse und die Vorführung endet im tödlichen Desaster. So geschehen am 12. Dezember 1995 als zwei Su-27 und eine Su-27UB beim Anflug auf den vietnamesischen Luftwaffenstützpunkt Cam Ranh in dichtem Nebel an einem nahegelegenen Berg zerschellen. Alle vier Besatzungsmitglieder finden den Tod.

Zu Beginn des Jahres 2006 erscheinen die Russischen Ritter erstmals am Himmel über der Arabischen Halbinsel. Sie sind Gäste der Vereinigten Arabischen Emirate, präsentieren ihr großartiges fliegerisches Können und die überragende Leistungsfähigkeit ihrer Su-27 und werden prompt mit der Goldmedaille des internationalen Luftsportverbandes (FAI = Fédération Aéronautique Internationale) ausgezeichnet. Im selben Jahr besuchen die Russischen Ritter als Botschafter ihres Landes die Volksrepublik China. Im März zur Eröffnung des »Russlandjahres« und im August die Internationale Luft- und Raumfahrtmesse in Zhuhai.

Leider wird auch das erste Jahrzehnt des 21. Jahrhunderts in der Geschichte der Russischen Ritter überschattet von einem tragischen Unglück: Am 16. August 2009 kollidieren während des Trainings für den Internationalen Luft- und Raumfahrtsalon (MAKS: 18. – 23. Aug. 2009)) in der Nähe des Flugplatzes Schukowski zwei Su-27. Ein Pilot kommt ums Leben, während mehrere Häuser durch Trümmer Feuer fangen und einige Menschen verletzt werden. Totenstille herrscht, als die Russischen Ritter zum Abschluss des MAKS zu Ehren ihres tödlich verunglückten Kameraden ihr Diamond-Manöver nur als Vierer-Formation vorführen. Verabschiedet werden sie schließlich von einem sehr bewegten Publikum, das den Mut der Piloten mit einem nicht enden wollenden Applaus belohnt. Ein Applaus, der sogar die donnernden Triebwerke der Flugzeuge übertönte…

»Russische Ritter« aktuell

Am 5. April 2011 feierten die Russischen Ritter ihr zwanzigjähriges Bestehen. Zwanzig Jahre, in denen zwar Jahr für Jahr das Team wechselte, war eines jedoch unverändert geblieben: Das fliegerische Können der Piloten und ihre immer wieder aufs Neue spektakuläre Flugvorführungen.

Frenetisch empfangen, erschien das Team nach einjähriger Pause am 16. August zur Eröffnung der MAKS-2011 wieder am Himmel über Schukowski und begeisterte mit einer Air Show in Vierer- und Sechser-Formationen sowie wagemutigen Solo-Einlagen.

Die Vorführungen des Jahres 2012 eröffneten die Russischen Ritter auf persönlichen Wunsch des Königs Shaik Hamad bin Isa Al Khalifa mit einem Besuch der Bahrain International Air Show (BIAS, 19. – 21. Januar 2012) in Manama, der Hauptstadt des Königreichs.

Ein Besuch der vom 9. – 15. Juli 2012 stattfindenden Farnborough International Airshow blieb den Russischen Rittern aus formellen Gründen verwehrt: Die russischen Behörden hatten versäumt, die Visa für Pilote und Wartungscrew sowie die »Ausfuhr-Erlaubnis« für die Flugzeuge waren zu spät beantragt worden.

Dennoch endete das Jahr 2012 erfreulich: Der geplante Umzug zum Luftwaffenstützpunkt Lipezk wurde abgesagt und am 18. Dezember bekannt, dass das Team mit neuen Su-35C und Su-30CM ausgerüstet werden soll. Die Ausstattung des Teams blieb vorerst unverändert und die Russischen Ritter zeigten ihre Flugakrobatik weiterhin mit Su-27, allerdings nicht mehr mit sechs, sondern schließlich nur noch mit vier Maschinen.

Das Jahr 2016 war voller Schatten und Licht. Am 9. Juni 2016 stürzte eine Maschine während der Einweihungsfeierlichkeiten eines Denkmals zur Erinnerung an die im Zweiten Weltkrieg gefallenen Piloten nahe Moskau ab und riss ihren Piloten in den Tod.

Gut ein Vierteljahr später – am 14. Oktober – konnten die Russischen Ritter ihre ersten vier zweistrahligen und zweisitzigen Su-30SM übernehmen. Zur Internationalen Luft- und Raumfahrtmesse in Zhuhai (Volksrepublik China, 1. – 6. November 2016) erschienen sie allerdings noch mit fünf ihrer altgewohnten Su-27. Gast in Zhuhai war auch das Strischi-Team, sodass die beiden russischen Kunstflugteams mit ihren fünf Su-27 und vier MiG-29 neben anderen spektakulären Manövern dem staunenden Publikum ihre berühmte, »Big Nine« bzw. »Briliant« genannte Neuner-Formation vorführen konnten.

Vom 16. – 19. November 2016 waren die Russischen Ritter Gäste der Iran Air Show auf der im Persischen Golf gelegenen Insel Kisch.

Am 30. November 2016 übernahmen sie ihre letzten vier Su-30SM und betreiben nun insgesamt acht dieser Hochleistungs-Mehrzweck-Kampfflugzeuge. Ihre Formationen wollen sie allerdings immer nur mit maximal sechs Maschinen fliegen. Scherzhaft bemerkten Teammitglieder, der Wechsel von den Su-27 zur Su-30SM sei ähnlich, als wenn man vom Volkswagen auf Mercedes umsteigen würde.

Ihr Auslandsdebüt mit den brandneuen Su-30SM gaben die Russischen Ritter vom 21. – 25. März 2017 bei der LIMA 2017 in Malaysia. Allerdings mit nur vier Maschinen, weil das Training in Sechser-Formation noch nicht abgeschlossen war.

Zur Siegesparade am 9. Mai 2017 über dem Roten Platz in Moskau präsentierte das Team seine Maschinen mit neuem Anstrich. Seitdem trägt das Seitenleitwerk außen die russischen Nationalfarben und das Emblem der russischen Luftwaffe.

Auf der Langkawi International Maritime & Aerospace Exhibition in Malaysia wurde am 27. März 2019 gemunkelt, die Russischen Ritter würden »in naher Zukunft« auf Su-35 umsteigen. Der Kommandant des Teams wollte sich zu diesem Thema nicht äußern…

Oben: Su-27P »Russkije Witjasi 08« abgestellt in Kubinka. (Foto: Alan Wilson)

Unten links: Su-30SM starten zur Vorführung bei der LIMA 2017 (21. – 25. März) in Malaysia. (Foto: Mil.ru)

Unten rechts: Su-35. (Foto: Vitaly V. Kuzmin)

Die Su-30SM der »Russischen Ritter« beruhen auf einer modifizierten Version der Su-30MKI für die russischen Luftstreitkräfte. (Foto: Alan Wilson)

Das Flugzeug

Seit 2016 sind die Russischen Ritter mit Suchoi Su-30SM ausgerüstet. Die Entwicklung dieses Mehrzweck-Kampfflugzeug auf der Basis der Doppelsitzerausführung Su-27UB begann noch in den letzten Jahren der Sowjetunion – Mitte der 1980er-Jahre, also noch bevor die Su-27 »Flanker« in Dienst gestellt wurde. Die erste seriengefertigte Su-30 flog am 14. April 1992, also nach dem Zusammenbruch der Sowjetunion. An eine Großserienfertigung war für Suchoi nun nicht mehr zu denken, und so gelangten zunächst zwei Flugzeuge an das Testpiloten-Kunstflugteam in Schukowski. Ungefähr sechs weitere Maschinen folgten 1994 bis 1996 und gelangten schließlich zum 237. Regiment in Kubinka und damit in »Reichweite« der »Russischen Ritter«.

Inzwischen hatten sich Suchoi und die russischen Luftstreitkräfte entschieden, die Su-30 zu einem mehrrollenfähigen Muster weiterzuentwickeln. Bereits auf dem Pariser Luftfahrtsalon 1993 zeigten sie den Demonstrator Su-30MK mit Luft-Boden-Waffen. Allerdings handelte es sich bei der Maschine um eine normale Su-27UB ohne ins Waffensystem integrierte Lenkbomben und Raketen. Angesichts der mehr oder weniger zahlungsunfähigen einheimischen Luftstreitkräfte musste Suchoi dringend Exportkunden finden. Aus Verhandlungen mit der indischen Luftwaffe entstand die Su-30MKI und am 30. November 1996 wurde ein Vertrag über 40 Su-30MKI plus 20 Optionen unterzeichnet. Die SU-30MKI (»K« steht für »Kommertscheski« = Exportmodell und »I« für »Indien«) war das erste russische Kampfflugzeug mit Entenflügeln und Schubvektorsteuerung in Serie. Trotz ihrer Größe und des hohen Gewichts ist auch die Su-30 zu bemerkenswerten Flugleistungen fähig und beherrscht unter anderem auch das berühmte »Kobra«-Manöver.

Su-30SM	
Hersteller	Aviation Military Industrial Complex Suchoi
Typ	zweistrahliges Mehrzweck-Kampfflugzeug
Spannweite	14,70 m
Länge	21,94 m
Höhe	6,35 m
Triebwerk	2 x Ljulka AL-31FP Turbofans mit Schubvektorsteuerung
Triebwerkleistung	2 x 130,76 kN mit Nachbrenner, 2 x 79,43 kN ohne Nachbrenner
Leermasse	17.700 kg
Startmasse, normal (kg)	26.090 kg
Höchstgeschwindigkeit	Mach 2 auf optimaler Flughöhe, 1350 km/h in Bodennähe
Dienstgipfelhöhe	17.500 m
Startrollstrecke	550 m
Landerollstrecke mit Bremsschirm	750 m
Reichweite	3000 km ohne Luftbetankung, 5200 km mit Luftbetankung
Steigrate	230 m/s
Zellenbelastung	+9/-3 g

SAUDI ARABIEN
THE SAUDI HAWKS

Dank seiner Erdölreserven eines der reichsten Länder der Erde, hat Saudi Arabien seit 1970 seine Streitkräfte derart massiv verstärkt, dass das Königreich – neben Israel – als die schlagkräftigste Militärmacht des Nahen und Mittleren Ostens gilt.

Als Teilstreitkraft des Königreichs ist die Royal Saudi Air Force (RSAF) mit einer Personalstärke von mehr als 20.000 Mann die mit Abstand kampfstärkste Luftstreitmacht auf der Arabischen Halbinsel. Ihr Formationskunstflugteam »The Saudi Hawks Aerobatic Team« wurde am 6. Juni 1998 gegründet, offiziell als 88. Staffel der RSAF auf der King Abdulaziz Air Base (Dharan) stationiert und mit Strahltrainern des britischen Typs BAE SYSTEMS Hawk (drei Mk 65, sechs Mk 65A) ausgestattet. Alle neun Hawk sind mit Rauchanlagen ausgerüstet und tragen die Nationalfarben Grün und Weiß.

Traditionell haben Saudi Hawks und britische Red Arrows vieles gemeinsam, und dies nicht nur weil sie Flugzeuge desselben Herstel-

Die Saudi Hawks bei der Airpower11, Zeltweg/Österreich am 1. Juli 2011. (Foto: Matthias Kabel, GFDL)

lers fliegen, sondern weil ehemalige Piloten der britischen Luftwaffe und Angehörige der »Red Arrows« als »Special Adviser« jahrelang aktiv an der Ausbildung ihrer saudischen Fliegerkameraden beteiligt waren.

Ihr Debüt geben die Saudi Hawks im Rahmen der Feierlichkeiten zum hundertjährigen Bestehen des ihres Königreiches im Januar 1999 in der Hauptstadt Riad. Zur ersten Flugvorführung außerhalb ihrer Heimat erscheinen sie im Februar 2000 in Bahrain. Wenig später verlegt das Team zum RSAF-Stützpunkt King Faisal Air Base (Tabuk).

Inzwischen auf sechs Flugzeuge reduziert, präsentieren sich die Saudi Hawks europäischem Publikum erstmals im Juli 2011 im österreichischen Zeltweg, der Koksijde Airshow in Belgien und bei der RIAT (Royal International Air Tattoo), RAF Fairford (England).

Seitdem sind die Saudi Hawks gern gesehene und gefeierte »Highlights« bei den großen Flugveranstaltungen in Europa. So erschienen sie beispielsweise im Juni 2014 in Griechenland bei der Kavala AirSea Show und gratulierten der FrecceTricolori am 6. September 2015 in Rivolto mit einer atemberaubenden Flugschau zum 55. Geburtstag.

Das Team

Alle Mitglieder der Saudi Hawks sind bewährte Piloten der RSAF mit langjähriger Erfahrung auf Hochleistungs-Kampfflugzeugen. Aus einem Kreis von rund einem Dutzend Bewerbern ausgewählt, bleibt ein »Saudi Hawk« gewöhnlich drei bis vier Jahr beim Team.

Eine Saison kann vier bis sechs Monate dauern. Kein leichter Job, den die Piloten jedoch als Botschafter ihres Landes erfüllen.

Oben: 6. September 2015, Rivolto/Italien. Die Saudi Hawks rollen zum Start und gratulieren den Frecce Tricolori mit einer atemberaubenden Flugschau zum 55. Geburtstag. (Foto: Gian Marco Anzellotti)

Unten: »Vixen Break«. (Foto: KurushPawar, Quelle: Saudi Hawks)

Das Flugzeug

Bei den Hawk der Saudi Hawks handelt es sich um eine Exportversion der Hawk T.1/T.1A für die Royal Saudi Air Force. Insgesamt übernahm die RSAF in den Jahren 1987/88 30 Maschinen dieses Typs, die sowohl als Kampfflugzeuge zur Luftnahunterstützung als auch als Strahltrainer betrieben werden. 1997 folgten 20 Maschinen des nochmals verbesserten Typs Mk 65A.

Verglichen mit der Grundversion, verfügen die Hawk der sogenannten 60er Serie über modernere Triebwerke und einen modifizierten, leichteren Rumpf.

Eine Nachfolgerin für die Hawk Mk 65/65A ist bereits in Sicht: Am 31. März 2019 feierte die Royal Saudi Air Force das Roll-Out der ersten in Saudi Arabien endmontierten Strahltrainers Hawk Mk 165. Insgesamt 44 Maschinen (die Hälfte wird in Saudi Arabien endmontiert) dieses Typs werden die Mk 65/65A bei den Ausbildungsverbänden und den Saudi Hawks ersetzen.

Saudi Hawks bei der RIAT 2011. (Foto: Airwolfhound)

Hawk 60er Serie	
Hersteller	British Aerospace
Typ	Strahltrainer für Fortgeschrittene
Spannweite	9,39 m
Länge ohne Tanksonde	11,17 m
Höhe	3,98 m
Triebwerk	Turbofan Rolls-Royce/Turboméca Adour 861
Triebwerkleistung	25,35 kN
Leermasse	3635 kg
Höchstgeschwindigkeit	1037 km/h
Dienstgipfelhöhe	15.250 m
Überführungsreichweite	2433 km (mit Zusatztanks)
Zellenbelastung	+8/-4 g

SCHWEDEN
TEAM 60

Schwedens Luftwaffe (Flygvapnet) blickt auf eine fast 80-jährige Kunstflugtradition zurück. Von bescheidenen Anfängen in den 1930er-Jahren spannt sich ein Bogen zahlreicher, meist nur kurzlebiger Teams bis zum heutigen, seinem 50. Gründungsjahr entgegenfliegenden Team 60. Zeigte das erste nachgewiesene Team sein fliegerisches Können noch mit Doppeldeckerflugzeugen des Typs Focke-Wulf Fw 44J »Stieglitz« mit 185 Stundenkilometern Höchstgeschwindigkeit, so erreichen die Piloten des modernen Teams bei ihren luftakrobatischen Glanzleistungen mit zweistrahligen Saab SK-60 (SAAB-105) mühelos mehr als 760 km/h.

Geschichte

Die Tradition des Team 60 reicht zurück bis in die 1930er-Jahre. Erst 1926 gegründet, orderte die schwedische Luftwaffe bei der deutschen Focke-Wulf Flugzeugbau 1935 zunächst zwei Fw 44 »Stieglitz« und in den letzten Friedensjahren nochmals mehr als ein Dutzend Fw 44J als Schulflugzeuge für ihre Flugschule in Ljungbyhed.

Die »Stieglitz«, ein strahlender Stern der Focke-Wulf Flugzeugbau, bewährte sich nicht nur als Schulflugzeug, sondern begeisterte mit außergewöhnlichen Flugeigenschaften auch als voll kunstflugtauglicher Doppeldecker.

Focke-Wulf Fw 44J der schwedischen Luftwaffe. Mit diesem zweisitzigen Doppeldecker startet die Kunstflugtradition der schwedischen Luftwaffe. (Foto: Håkan Dahlström)

Bei manchen Formationen beträgt die Distanz zwischen den Maschinen weniger als 4 m – und dies bei Geschwindigkeiten zwischen 200 und 700 km/h.

Ihre Eigenschaften begeisterten auch bei der Flygskolan und so schlossen sich die drei Fluglehrer Näslund, Ahlfors und Lundgreen zu Beginn des Jahre 1940 zur ersten militärischen schwedischen Kunstflugmannschaft zusammen. Außer den Namen dieser drei Flieger sind leider keine Details über dieses Team bekannt. Hatten sich die Angehörigen der schwedischen Luftwaffe in ihrer neutralen Heimat bis 1945 fünf Jahre lang von kriegführenden Streitkräften umzingelt gefühlt, so konnten sich ihre Piloten nach Kriegsende endlich wieder den friedlichen Aspekten der Fliegerei widmen. Und so bildeten sich fast unmittelbar nach Ende der Feindseligkeiten bei mehreren Flygvapnet- Verbänden neue, allerdings meist nur kurzlebige Kunstflugmannschaften.

Zu den ersten dieser Einheiten gehört das Jagdgeschwader (Flygflottilj) F.9. Anlässlich der für den 3. Juni 1951 geplanten Feierlichkeiten zum 25jährigen Bestehen der schwedischen Luftwaffe formiert sich dort eine Vorführmannschaft. Sie lässt ihre De Havilland Vampire mit einer Rauchanlage für farbige Rauchfahnen nachrüsten, was damals weit über Schwedens Grenzen als Sensation empfunden wurde. Aber auch die Rauchfahnen wirkten nicht lebensverlängernd und nach nur einem Jahr stellt das Team trotz mehreren erfolgreichen Vorführungen seine Tätigkeit wieder ein. Ähnlich ergeht es zahlreichen Nachfolgern und rückblickend ist es kaum möglich, die unübersichtliche Szene von inoffiziellen und halboffiziellen Mannschaften zu überschauen.

Schließlich sind es handfeste wirtschaftliche Interessen, die Ordnung und Geradlinigkeit in die Entwicklung des schwedischen militärischen Formationskunstfluges bringen. Denn: In den 1960er-Jahren ist bei SAAB die Serienfertigung des neuen Mehrzweckflugzeuges SAAB-105 (Erstflug 29. Juni 1963) angelaufen. Ab 1965 von der schwedischen Luftwaffe als Strahltrainer und Verbindungsflugzeug SK-60A und später auch als leichtes Kampfflugzeug SK-60B beschafft, suchen der Flugzeugbauer und Schwedens Regierung händeringend Exportkunden. Als ideale Verkaufsveranstaltung bietet sich der Pariser Luftfahrtsalon 1967 an. Mit diesem Ziel vor Augen formiert sich 1967 an der Flugschule (Krigsflygskolan) überstürzt – und angeblich auch sehr improvisiert – inoffiziell eine Gruppe mit vier

*Oben: Team 60 des Jahres 2019 (von links): No. 8 Kapten Carl Nilsson (Speaker), No. 6 Major Per Klementsson, No. 2 Kapten Johan Landin, No. 1 Major Magnus Bragvad, No. 3 Kapten Klas Bäckström, No. 4 Major Marcus Jedby, No. 5 Kapten Michael Zettergren, No. 7 Kapten Fredrik Müchler (Reservist). Auf dem Seitenleitwerk Emblem und Leitspruch der Flugschule (Krigsflygskolan): Docendo Dicimus = »Durch Lehren lernen wir.« (Zitat Seneca der Jüngere, römischer Philosoph; * etwa im Jahre 1, † 65 n. Chr.) Foto: Rickard Nilsson*

Unten: Atemberaubende Luftakrobatik der Solo-Piloten No. 5 und No. 6.

Strahltrainern SK-60A. Diese Gruppe gilt als die Urzelle des Team 60 (Namen von der Modellbezeichnung ihres Flugzeuges abgeleitet).

In der schwedischen Öffentlichkeit erscheint das Team erstmals 1974 und fliegt anfangs mit nur vier Maschinen. Erst zwei Jahre später – im Mai 1976 – gibt die Mannschaft ihr Debüt als offizielle Formationskunstflugstaffel der Flygvapnet mit inzwischen sechs SK-60A.

Zu den Feiern zum 50. Geburtstag der schwedischen Luftwaffe im August 1976 mit Rauchanlagen für Rauchfahnen in den schwedischen Nationalfarben Blau und Gelb nachgerüstet, präsentiert Team 60 ein spektakuläres, von den Zuschauern begeistert bejubeltes Flugprogramm in Vierer-Formationen und waghalsigen Manövern seiner Solo-Piloten 5 und 6.

Nicht nur in Schweden ist Team 60 ein gern gesehener Gast. Inzwischen kann die Mannschaft stolz auf Besuche in Belgien, Dänemark, Finnland, Frankreich, Großbritannien, Italien, Norwegen, Österreich, Polen, in der Schweiz und Tschechien verweisen. Eine Saison umfasst gewöhnlich rund acht Flugvorführungen im Inland und ein bis zwei im Ausland.

Das Team

Team 60 rekrutiert seine Piloten auf freiwilliger Basis bei der Krigsflygskolan in Linköping. Dort »hauptberuflich« als Fluglehrer tätig, sind sie beim Team 60 nur »Teilzeitpiloten«. Sie sind bestrebt, durch ihr hochprofessionelles Auftreten bei formellen, öffentlichen und internationalen Veranstaltungen durch ihre Flugvorführungen das nationale Bewusstsein zu stärken sowie Männer und Frauen für den Dienst in den schwedischen Streitkräften und speziell der Luftwaffe zu wecken und zu bewahren, aber auch für Schwedens Industrie und Tourismus zu werben.

Oben:
Formation »Pyramid«.

Links unten:
Formation »Splitt«.

Rechts unten:
Formation »Rubin«.

Das Flugzeug

Team 60 ist mit dem Strahltrainer SK-60 (SAAB-105) ausgerüstet. Von dem schwedischen Flugzeugbauer SAAB ursprünglich als strahlgetriebenes Geschäftsreiseflugzeug konstruiert, scheiterte dieses Projekt an den europäischen Sicherheitsvorschriften, die für Flugzeuge dieser Art zwei Piloten vorschreiben. Die Flygvapnet nutzte die Gelegenheit, ihre Schulverbände ab 1965 mit einem leicht zu handhabenden und modernen Flugzeug auszustatten. Als erste Version wurde die SK-60A für die Anfängerschulung beschafft. Wenig später folgte die modifizierte Variante SK-60B als Erdkampfflugzeug zur taktischen Unterstützung des Heeres.

Die SK-60 ist als Doppelsitzer mit nebeneinander angeordneten Schleudersitzen ausgelegt.

Die Maschinen des Team 60 unterscheiden sich nur unwesentlich von den SK-60-Trainer der Flugschule. Auffälligstes Merkmal sind die beiden Behälter der Doppel-Rauchanlage, die an Unterflügelstationen mitgeführt werden. Zur Überwachung der Rauchanlage musste die Cockpit-Instrumentierung um drei zusätzliche Leuchten erweitert werden.

SK-60	
Hersteller	SAAB Svenska Aeroplan A.B.
Typ	zweisitziger Strahltrainer
Spannweite	9,50 m
Länge	10,50 m
Höhe	2,70 m
Triebwerk	zwei Strahltriebwerke William/Rolls-Royce FJ44
Triebwerkleistung	2 x 841 kg
Startmasse	max. 4500 kg
Geschwindigkeit	880 km/h
Dienstgipfelhöhe	12.000 m
Zellenbelastung	+6/-3 g

(© VBS/DDPS – ZEM)

(© VBS/DDPS – ZEM)

SCHWEIZ
PATROUILLE SUISSE

Was für die Snowbirds in Nordamerika, gilt in Europa für die Patrouille Suisse: Klein aber oho! 2019 feiert die Patrouille Suisse ihren 55. Geburtstag, genießt allergrößte Popularität und steht für typisch schweizerische Werte: Präzision, Disziplin, Dynamik und Zuverlässigkeit. Diese Tugenden – vom Kommandanten des Teams – auch »Swissness« genannt – werden die Identität ihrer Piloten und Techniker auch zukünftig prägen.

Geschichte

Am 22. August 1964 wird die Patrouille Suisse gegründet. Die Idee, ein Vorführteam mit Berufspiloten aufzustellen, stammt allerdings schon aus dem Jahr 1959. Damals erhielt das Überwachungsgeschwader (UeG) vom damaligen Eidgenössischen Militärdepartement (EMD) den Auftrag, eine aus vier Maschinen bestehende Doppelpatrouille für Demonstrationszwecke zu trainieren.

Hawker Hunter Mk 58, die fünfte Maschine war 1970 zum Team gestoßen. 1977 wurden die Hunter mit einer Rauchanlage nachgerüstet, die allerdings mit der Ausmusterung der Hunter wieder entfiel.
(© VBS/DDPS – ZEM)

Oben: »Tiger Cinque – 2nd Solo« und »Tiger Sexi – 1st Solo« beim waghalsigen Spiegelflug. (© VBS/DDPS – ZEM)

Unten: Atemberaubend! (Foto: Airwolfhound)

Geflogen wurde mit britischen Kampfflugzeugen Hawker Hunter Mk 58.

Im Rahmen der Vorbereitungen für die Landesausstellung Expo 64 in Lausanne und die Feier zum 50-jährigen Bestehen der Luftwaffe wurde das Training mit der Hunter-Doppelpatrouille intensiviert. In Anlehnung an die französische Kunstflugformation Patrouille de France nannte man das Team spontan Patrouille Suisse. Man war von der Publikumswirksamkeit des Formationsflugs überzeugt und beschloss deshalb die Patrouille Suisse zum offiziellen nationalen Kunstflugteam zu ernennen.

Im Jahr 1965 bestritt das Team erstmals eine ganze Saison mit vier Vorführungen. In der Folgezeit wurde das Programm ständig verfeinert und die exakte Ausführung der einzelnen Figuren perfektioniert. 1970 stieß eine fünfte Maschine zum Team und acht Jahre später die sechste. Bis 1968 war es wegen der strikten Neutralität der Schweiz nicht möglich, an Flugvorführungen im Ausland teilzunehmen. In diesem Jahr wurde die Schweizer Kunstflugstaffel zum 25-jährigen Bestehen der Patrouille de France nach Frankreich eingeladen und durfte in Salon de Provence ihr Können erstmals im Ausland mit sechs Maschinen zeigen.

Anlässlich der 700-Jahr-Feier der Eidgenossenschaft im Jahr 1991 erhielten die Hunter ein neues Aussehen: Die Flügelunterseiten leuchteten nun in den Schweizer Nationalfarben Rot und Weiß. Drei Jahren später flogen die Piloten der Patrouille Suisse ihre letzte Vorführung auf der Hunter. Die Nachfolgemaschinen, die schnelleren und wendigeren amerikanischen F-5E Tiger brachten 1995 das Team nach 30 Jahren in fliegerisches Neuland.

Für eine perfekte Vorführung an der größten militärischen Flugshow der Welt, dem Royal International Air Tattoo auf dem RAF-Stützpunkt Cottesmore, gewann das Team das »King Hussein Memorial Sword« für die beste Flugvorführung. An der großen Flugshow »Air04« in Payenne feierte die Luftwaffe 2004 ihr 90-jähriges Bestehen und die Patrouille Suisse ihren 40. Geburtstag. Mit einer einmaligen Großformation von 40 Flugzeugen, bestehend aus den namhaftesten Kunstflugteams aus fünf verschiedenen Ländern, wurden die Jubilare mit einem parademäßigen Vorbeiflug geehrt.

Nachdem Ende Dezember 2005 der letzte Kampfjet vom geschichtsträchtigen Flugplatz Dübendorf gestartet war, kehrte die Patrouille Suisse anlässlich der Konzerte der Rolling Stones und der Pop-Ikone Madonna als deren »Vorgruppe« nach Dübendorf zurück. Neben den ganz großen Flug-Meetings waren die Schweizer Botschafter der Lüfte mehrfach bei der Internationalen Luftfahrtausstellung ILA in Berlin zu sehen. Das deutsche Publikum war begeistert und die Patrouille Suisse wurde mit einem originalen Element der Berliner Mauer geehrt: »Das Team zeigt immer wieder, wie physikalische Grenzen fallen und neue Mauern durchbrochen werden.« Das geschichtsträchtige Element kann auf dem Patrouille-Suisse-Platz beim Militärflugplatz Emmen besichtigt werden.

Seit April 2007 betreibt die Patrouille Suisse auch eine PC-6 Turbo Porter der Schweizer Luftwaffe. Getauft mit dem Namen »Felix«, trägt sie die Farben des Teams und wird vom Kommandanten geflogen, um zusammen mit dem Speaker und Kameramann/Filmer an die Trainings- und Vorführorte in der Schweiz zu fliegen. Der Name »Felix« stammt vom früheren Rufnamen der Bodenstelle des Kunstflugteams.

Patrouille Suisse aktuell

Als logistische Meisterleistung stellte sich die 2012 durchgeführte »Nordic Tour« heraus. Sieben Flugzeuge und zwei Lastzüge wurde in drei Wochen durch halb Skandinavien disponiert. Anlässlich dieser wunderschönen Tournee zeigte die Patrouille Suisse in Kauhava (Finnland) im Rahmen der Midsommernight-Airshow um 23 Uhr unter der Mitternachtssonne eine beeindruckende Flugshow.

2014 feierte die Patrouille Suisse ihre 50-jähriges Bestehen. Dieser Geburtstag wurde im Laufe des Jahres gebührend gefeiert und erreichte seinen Höhepunkt an der Flugshow »Air14« in Payenne. Nachdem 2016 der politische Entscheid getroffen wurde, die F-5 Tiger weiterhin als Zieldarstellungsflugzeug einzusetzen, wird man dieses wunderschöne und elegante Flugzeug auch in Zukunft mit der Patrouille Suisse am Himmel bestaunen können.

Der Dachverband der schweizerischen Luft- und Raumfahrt verlieh der Patrouille Suisse 2017 den »AEROSUISSE AWARD«, welcher große Verdienste zu Gunsten der schweizerischen Luft- und Raumfahrt würdigt: »Die Patrouille Suisse als Botschafter der Schweizer Werte und der Schweiz fördern die Faszination des Fliegens, wirkt als Vorbild und verstärkt nicht zuletzt den positiven Eindruck der Luftwaffe.«

Das Vorführprogramm für 2019 umfasste 30 Termine, beginnend am 24. Mai und endend am 10. Oktober.

J-3088

J-3085

Linke Seite oben: Formation »Pfeil« an der Eiger-Nordwand (© VBS/DDPS – ZEM)

Linke Seite unten: Formation »Shadow« (© VBS/DDPS – ZEM)

»Felix«, eine Pilatus PC-6 Turbo Porter der Schweizer Luftwaffe in den Farben der Patrouille Suisse. Seit April 2007 dient »Felix« dem Kommandanten, um zusammen mit dem Speaker und Kameramann an die Trainings- und Vorführorte in der Schweiz zu fliegen. Der Name »Felix« stammt vom früheren Rufnamen der Bodenstelle des Teams. (© VBS/DDPS – ZEM)

Das Team 2019

Seit 1978 umfasst das »Show Team« sechs Maschinen Northrop F-5E Tiger II. Bei Auftritten im Ausland wird in aller Regel ein Reserve-Tiger mitgeführt.

Alle fliegenden Teammitglieder sind Militärpiloten des Berufsfliegerkorps der Schweizer Luftwaffe. Folglich ist ihr gemeinsames Kunstflugtraining auf wenige Stunden beschränkt. Dies bessert sich erst kurz vor Saisonbeginn, wenn das Team einmal wöchentlich trainieren kann. Umso erstaunlicher, dass sich die Piloten der Patrouille Suisse neben den großen Kunstflugmannschaften der Welt behaupten können, deren Angehörige meist täglich mehrmals trainieren.

Die mit sechs Maschinen geflogene Vorführung dauert rund 20 Minuten. Standardformationen wie »Melkstuhl« und »Federer« oder schwyzerdütsche Begriffe wie »gäsele« (Bezeichnung für das Zusammenspiel von Gas geben bzw. Gas wegnehmen bei Kurskorrekturen unter höchsten G-Belastungen) verleihen den Vorführungen der Patrouille Suisse ihre charakteristische eidgenössische Note.

Rufname der Teammitglieder ist »Tiger«. Commander ist seit 2016 Oberstleutnant Nils »Jamie« Hämmerli, »Tiger Zero«; von 1999 bis 2004 aktives Teammitglied, verweist »Jamie« auf mehr als 3900 Flugstunden.

Damit seine Piloten das bisher Gelernte und ihre Erfahrungen verfestigen können und im Team größtmögliche Ruhe einkehrt, ließ Nils Hämmerli die Positionen aus der vorheri gen Saison für 2019 unverändert.

Im engen Verbandsflug orientieren sich die Piloten an ihrem Vordermann. Die Ausnahme bildet der Leader. Er trägt die Verantwortung für die Einteilung, die korrekte Erteilung der Kommandos zum richtigen Zeitpunkt sowie die Navigation. Die Piloten 2 bis 6 sind darum besorgt, ihre Position zu halten und das Programm korrekt zu fliegen.

Seit 1994 wird die Ground Crew (GC) der Patrouille Suisse vom Flugplatzkommando Emmen geleitet sowie materiell und personell betreut. Ihre hochqualifizierten Systemspezialisten aus dem Maschinen- und Automobilgewerbe, der Elektronik- und Aviatikindustrie gewährleisten, dass die Flugzeuge den Piloten einwandfrei und zeitgerecht übergeben werden können und begleiten die Piloten zu den Vorführungen im In- und Ausland. Es sind diese Techniker, die die Basis für alle Einsätze der Patrouille Suisse schaffen.

Das »Show-Team«

Tiger Zero: Oberstleutnant Nils »Jamie« Hämmerli, »Commander«;
Tiger Uno: Major Gunnar »Gandalf« Jansen, »Leader;
Tiger Due: Hauptmann Claudius »Mac« Meier, Right Wing;
Tiger Tre: Hauptmann David »Pepe« Pereira, Left Wing;
Tiger Quatro: Hauptmann Martin »Jaydee« Schär, Slot;
Tiger Cinque: Hauptmann Lukas »Bigfoot« Nannini, 2nd Slot;
Tiger Sexi: Hauptmann Michael »Püpi« Duft, 1st Slot.
Tiger Sette dient als Ersatzpilot und Kameramann/Filmer, während Hauptmann Yanik »Nik« Varley (Tiger Otto) und Hauptmann Jody »Jody« Bolomey (Tiger Nove) als »Speaker« bei Flugtagen die Flugvorführungen moderieren und mit passender Musik untermalen lassen.

(© VBS/DDPS – ZEM)

Das Flugzeug

Klein und einfach konstruiert, bestimmte die Northrop F-5 Freedom Fighter das Konzept des zweistrahligen »Leichtgewichtjägers«. Gestützt auf diese Modellserie, entwickelte Northrop für die Luftstreitkräfte kleinerer Nationen die F-5E Tiger II. Mit Erfolg, denn rund zwei Dutzend Länder beschafften diesen leichtgewichtigen, erschwinglichen und dank seinem Leistungsvermögen in vielen Bereichen mit Hochleistungskampfflugzeugen vergleichbaren taktischen Jäger. Zu den Tiger-Kunden gehörte auch die Schweiz, die nach langwierigen Verhandlungen mit Unterzeichnung des Vertrags »Peace Alps« die Modernisierung ihrer Luftwaffe einleitete und 66 F-5E und sechs zweisitzige F-5F orderte. Beginnend im August 1978 lieferte Northrop alle sechs F-5F und die ersten 13 F-5E (die restlichen 53 F-5E wurden in der Schweiz endmontiert). Ein Anschlussauftrag von 1981 umfasste weitere 32 F-5E und sechs F-5F, die alle in der Schweiz endmontiert wurden.

Patrouille Suisse erhielt ihre F-5E Tiger II erst 1995. Sie sind unbewaffnet und erhielten anstelle der beiden buglafettierten 20-mm-Revolverkanonen M-39A2 eine Rauchanlage.

Nur noch wenige Minuten bis zum Start. (© VBS/DDPS – ZEM)

F-5E Tiger II	
Hersteller	Northrop
Typ	zweistrahliges taktisches Jagdflugzeug
Spannweite	8,13 m
Länge	14,68 m
Höhe	4,06 m
Triebwerk	zwei General Electric J85-GE-21A
Triebwerkleistung	3200 kN ohne Nachbrenner, 4500 kN mit Nachbrenner
Leermasse	4350 kg
Startmasse	7080 kg, max. 11.180 kg
Höchstgeschwindigkeit	1700 km/h (Mach 1,6)
Startgeschwindigkeit	270 km/h
Landegeschwindigkeit	290 km/h
Startstrecke	610 m
Dienstgipfelhöhe (m)	15.590 m
Überführungsreichweite	3100 km
Anfangssteiggeschwindigkeit	174 m/s

(© VBS/PC-7 TEAM)

(© VBS/PC-7 TEAM)

SCHWEIZ
PC-7 TEAM

Auch diese zweite Kunstflugstaffel der Schweizer Luftwaffe agiert rund um den Globus als idealer Schweizer Botschafter für Präzision, Qualität und Professionalität und zeigt bei seinen »himmlischen« Vorführungen Wagemut, Disziplin, Dynamik, Eleganz.

1989 anlässlich der Jubiläumsfeier »75 Jahre Schweizer Luftwaffe« gegründet, begeistert das PC-7 TEAM ein breites Publikum und Flugbegeisterte wo immer es erscheint. Von Jahr zu Jahr verfeinern die Piloten ihr Vorführprogramm und verleihen der fliegerischen Choreographie jenen einzigartigen, edlen Schliff, der ihr Programm immer wieder aufs Neue zu einem exquisiten fliegerischen Höhenpunkt macht – ein speziell eidgenössisches Spitzenprodukt! Seit seiner Gründung fliegt das PC-7 TEAM den Pilatus PC-7 Turbo Trainer.

Geschichte

Den Grundstein für das heutige PC-7 TEAM legte die Schweizer Luftwaffe in den 1970er-Jahren, als mit zwei Pilatus P-3 simultane Akrobatik geflogen wurde. Nach Indienststellung der PC-7

Das PC-7 TEAM der Saison 2019 mit ihrem Kommandanten und den beiden PR-Offizieren. (© VBS/PC-7 TEAM)

Seit 2008 tragen die Maschinen des PC-7 TEAM die Schweizer Nationalfarben Rot und Weiß. (© VBS/PC-7 TEAM)

1983 folgen Solo-Vorführungen und vier Jahre später startete anlässlich der Meisterschaften der Fliegertruppen eine Formation mit neun PC-7. Am 20. Juli 1987 treffen sich neun freiwillige Piloten auf dem Militärflugplatz (Aeroporte Militare) Locarno (Kanton Tessin) zu einem nur dreitägigen Trainingskurs und schon am 29. August 1987 erscheint die »9er Formation PC-7« in Dübendorf vor begeisterten Zuschauern.

Als Gründungsjahr der Staffel gilt jedoch 1989, als das PC-7 TEAM im Rahmen der Jubiläumsfeier »75 Jahre Schweizer Luftwaffe« formiert wird. Die folgenden drei Jahre nutzt das PC-7 TEAM zur gründlichen Schulung seiner hochqualifizierten Piloten und Mechaniker und zur Gestaltung eines attraktiven, allen Facetten der militärischen Verbandsfliegerei mit Propellerflugzeugen Rechnung tragenden Vorführprogramms.

Von nun an jährlich mehrmals von der Schweizer Bevölkerung begeistert gefeiert, demonstriert das PC-7 TEAM sein fliegerisches Können 1992 erstmals im Ausland, und zwar auf der Base Aérienne 702 Avord, dem zweitgrößten Stützpunkt der französischen Luftstreitkräfte – und auch die Franzosen sind begeistert!

1998 ballen sich dunkle Wolken über dem PC-7 TEAM, denn aus finanziellen Gründen wird ernsthaft über die Auflösung der Propellerkunstflugstaffel debattiert. Schließlich muss aber auch die Regierung eingestehen, dass auf dieses einzigartige PC-7 TEAM als Cockpit-Botschafter der Schweiz unmöglich verzichtet werden kann. Immer häufiger erscheinen die PC-7 nun immer häufiger im europäischen Ausland und werden sogar zu den Feiern des 50. Geburtstages der israelischen Luftwaffe eingeladen. 1998 fliegt das PC-7 TEAM erstmals außerhalb Europas und zeigt sein kontinuierlich verfeinertes Programm vor über einer Million Zuschauern.

Aber nicht nur Piloten und Mechaniker sind um ständige Verbesserungen bemüht, auch die PC-7 des Teams werden auf den neuesten Stand gebracht und den Bedürfnissen der Piloten angepasst. So wird beispielsweise das Cockpit im Jahr 2008 mit modernen Bildschirmen, GPS und Autopilot nachgerüstet.

Auch äußerlich-optisch erscheinen die Maschinen des PC-7 TEAM ab 2008 in neuer Tracht. Trugen sie ursprünglich eine orange-silbrigen Bemalung, so erhalten sie nun die Schweizer Nationalfarben Rot und Weiß.

Schnell erobern das PC-7 TEAM die Herzen der Flugbegeisterten – bei den Managern der renommiertesten Veranstaltungen und auf den Zuschauertribünen. Anerkannt und mehrfach ausgezeichnet, wird es beispielsweise 2013 beim Royal International Air Tattoo Fairford (Gloucestershire, England) für die Vorführung mit neun Propellerflugzeugen als beste Flugvorführung mit dem »Kind Hussein Memorial Sword« geehrt.

Lange dauert es, bis die PC-7 des Teams im Sommer 2014 endlich mit einer von den Pilatus Flugzeugwerken entwickelten und finanzierten Rauchanlage ausgestattet werden, und ihre Piloten bei der internationalen Flugschau Air14 oder »100 Jahre Schweizer Luftwaffe Airshow« auf dem Militärflugplatz Payerne – gleichzeitig auch zur Feier ihres 25. Geburtstages – ihre Können nun mit Rauchfahnen noch spektakulärer präsentieren können.

Bei ihren Flugvorführungen geben die Piloten vollen Einsatz, um dem Publikum eine perfekte Show zu bieten – 80 bis 90 Prozent reichen nicht aus, es muss 100 Prozent sein. Die Erfolge bleiben nicht aus und so gewinnt das PC-7 TEAM bei der RAF Cosford Air Show in England 2017 die begehrte Bill Hartree Memorial Trophy für die präziseste und sicherste Vorführung.

Die Piloten des PC-7 TEAM steuern ihre Maschinen ausschließlich von Hand. Der Leader hat die Aufgabe, den Flugweg für den ganzen Neuner-Verband einzuteilen. Er ist das Referenzflugzeug für die übrigen acht Piloten. Diese orientieren sich ständig am Flugzeug des Leaders, aber natürlich auch an ihren unmittelbaren Nachbarn. Bei Abständen von drei bis vier Metern, Beschleunigungen bis zum sechsfachen Körpergewicht und Windeinflüssen, müssen ständig kleinste Korrekturen sowohl am Steuer als auch an der Triebwerkleistung vorgenommen werden. Dies erfordert höchste Konzentration und macht den Formationsflug zur anspruchsvollen und schweißtreibenden Arbeit. Damit die Piloten ihre Positionen zum Nachbarflugzeug einhalten und eine regelmäßige Formation bilden können, orientieren sie sich an speziellen Markierungen am Flugzeug der Kameraden. Sie wissen: Ihre korrekte Position ist erst dann erreicht, wenn sich die Markierung auf dem Flügel in Deckung mit dem Auspuff und die Markierung am Höhenleitwerk sich in Deckung mit dem Seitenruderscharnier befindet.

Damit das Schönwetterprogramm geflogen werden kann, braucht das PC-7 TEAM eine Wolkenbasis von etwa 1000 m über Grund. Liegt die Wolkenbasis tiefer, müssen einige Figuren angepasst werden.

Mit seinen Propellermaschinen fliegt das PC-7 TEAM kleinere Radien und während der etwa 25-minütigen Vorführung immer für die Zuschauer sichtbar.

1
A-912
Capt M. "DJ" Vetter
2
A-917
Capt A. "VOBÜ" von Büren
4
5
6
7
8
9

12
Capt M. "DJ" Vetter
PC-7 TEAM

5
3
A-918
4
A-925
25

Sommer 2014. Zur Feier ihres 25. Bestehens tragen die Maschinen des PC-7 TEAM ein spezielles Geburtstags-Logo. (© VBS/PC-7 TEAM)

Bei Abständen von nur drei bis vier Metern, Beschleunigungen bis zum sechsfachen Körpergewicht und Windeinflüssen, müssen ständig kleinste Korrekturen sowohl am Steuer als auch an der Triebwerkleistung vorgenommen werden. Dies erfordert höchste Konzentration und macht den Formationsflug zur anspruchsvollen und schweißtreibenden Arbeit. (© VBS/PC-7 TEAM)

2019: 30 Jahre PC-7 TEAM

Das Jubiläumsjahr 2019 zum dreißigjährigen Bestehen ist geprägt von Pilotenwechseln auf vier Positionen. Mit dem Beginn des zweiwöchigen Trainingskurses 2019 auf den Militärflugplätzen in Locarno und Dübendorf, stießen die neuen Mitglieder Ende April in Locarno zum PC-7 TEAM.

Bedingt durch diese umfangreiche personelle Veränderung und der folglich begrenzten Vorbereitungszeit, musste das Flugprogramm zur Saison 2019 im Vergleich zur Saison 2018 leicht angepasst werden. Und dies nicht nur, um die Erfahrungen aus 2018 umzusetzen, sondern weil der Flugsicherheit stets größte Priorität eingeräumt wird!

Nicht ohrenbetäubender Triebwerkslärm und risikoreicher Nervenkitzel sind die Markenzeichen des PC-7 TEAM. Stattdessen begeistern seine Piloten durch ein harmonisch gestaltetes und fliegerisch kompromisslos auf Sicherheit getrimmtes »Ballett der Lüfte«. Keine noch so attraktiv und publikumswirksame Figur wird ins Programm aufgenommen, wenn sie nicht uneingeschränkt den Vorschriften der internationalen Reglementierungen und den Trainingsmöglichkeiten des PC-7 TEAM entspricht.

Vor der Aufnahme ins Programm der jeweiligen Saison wird – nach rund 20 Trainingsflügen – die Vorführreife einer jeden Formation und eines jeden Manövers von einem Aufsichtsgremium der Schweizer Luftwaffe geprüft. Die Formationen und Manöver sind geprägt von eidgenössischem Selbstbewusstsein, Eigenständigkeit und Heimatverbundenheit und tragen Namen wie Pilatus, Wasserfall, Tell, Matterhorn-Split.

In einer Saison fliegt das PC-7 TEAM gewöhnlich bis zu fünfzehn Veranstaltungen im In- und Ausland. Im Jubiläumsjahr beginnt die Trainings- und Flugvorführungen am 23. – 26. April in Emmen und enden vom 11.–12. Dezember in Vitznau.

Das Team

Die Piloten des PC-7 TEAM sind Angehörige des Berufsfliegerkorps, dienen hauptberuflich in einer der drei F/A-18-Staffeln der Schweizer Luftwaffe und absolvieren auf diesem Kampfflugzeug jährlich rund 120 Flugstunden. Es sind diese McDonnell Douglas »Hornet«, auf denen die Mitglieder des PC-7 TEAM Ihr ganz persönliches Training und Luftpolizeieinsätze zum Schutz des Schweizer Luftraums absolvieren.

Dass alle diese Piloten hauptberuflich Kampfjets fliegen und die Tätigkeit beim PC-7 TEAM ausschließlich als Zusatzaufgabe betreiben, ist weltweit einzigartig! Nach ihrer vierjährigen Ausbildung zum Berufsmilitärpiloten und intensiven Einsätzen mit dem Hochleistungsflugzeug F/A-18, dauert die Schulung zum PC-7 TEAM-Piloten nur noch wenige Wochen.

Neue Team-Mitglieder werden von den bestehenden Piloten ins PC-7 TEAM gewählt.

Die neun Mitglieder des Jubiläumsteams (Turbo 1 – Turbo 9, sämtlich im Hauptmanns Rang) konnten bei ihrem Eintritt ins PC-7 TEAM auf F/A-18 folgende Flugstunden vorweisen:

Turbo 1	2500
Leader, Cyril Johner	
Turbo 2	900
Right Inner Wing, Marius Egger	
Turbo 3	900
Left Inner Wing, Beda Staehelin	
Turbo 4	1300
Slot, Maurice Mattle	
Turbo 5	1700
Left Outer Wing, Matthias Grossen	
Turbo 6	1700
Right Outer Wing, Christian Savary	
Turbo 7	2300
1st Solo, Alain von Büren	
Turbo 8	1300
2nd Solo, Benjamin Matthey	
Turbo 9	2000
2nd Leader, Andreas Menk	

Kommandant Oberstleutnant Daniel Stämpfli hat auf diversen Jets 4800 Flugstunden absolviert.

Bei öffentlichen Auftritten kommentieren zwei Public Relations Officer als »Speaker« die Flugvorführungen, lenken die Aufmerksamkeit der Zuschauer auf faszinierende Besonderheiten, erläutern die komplexe Arbeit, die physischen Belastungen und die Ausbildung ihrer fliegenden Kameraden. »Speaker« arrangieren auch die passende Musikuntermalung zu den Vorführungen und sogar Live-Schaltungen in die Cockpits der Piloten.

Das PC-7 TEAM trainiert nicht regelmäßig. Neben dem zweiwöchigen Trainingskurs zu Beginn der Saison treffen sich die Piloten jeweils einen Tag vor den Vorführungen und trainieren direkt vor Ort. Trotz Belastungen von bis zu 6 g (sechsfaches Körpergewicht) fliegen die Piloten ohne Anti-g-Hose.

Ein neues Programm laufen die Piloten üblicherweise auf dem Trainingskurs auf dem Boden ab. Jeder nimmt seine Position ein und die Mannschaft übt alle Manöver zu Fuß ein. Das wird vor den Vorführungen intensiv geübt. Ein Pilot betont: »Denn wenn wir es auf dem Boden nicht simulieren können, können wir es auch in der Luft nicht fliegen...«

Hinter den Kulissen: Auf den Militärflugplätzen Locarno und Dübendorf sowie auf ihren Reisen und bei allen Vorführungen wird das PC-7 TEAM von einer hochqualifizierten Mechaniker-Crew der Schweizer Luftwaffe unterstützt. Sie sind es, die den Einsatz des PC-7 TEAM erst ermöglichen. Meist im Hintergrund arbeitend, kontrollieren und bereiten sie die Flugzeuge für ihre Einsätze vor und die Piloten wissen, dass sie sich auf diese Mechaniker 100%ig verlassen können. (© VBS/PC-7 TEAM)

Solo-Einlage vor dem Bergmassiv des 2128,50 m hohen »Pilatus« (© VBS/PC-7 TEAM)

sätzen des PC-7 TEAM werden sie hauptsächlich in der Ausbildung des Pilotennachwuchses eingesetzt. Die angehenden Militärpiloten lernen auf der PC-7 das fliegerische Grundhandwerk unter Sicht- und Instrumentenflugbedingungen, sowohl allein als auch im Verband.

Die Pilatus PC-7 ist ein einmotoriges, von einer Propellerturbine angetriebenes Hochleistungsflugzeug. Bei der Schweizer Luftwaffe dienen sie als Anfängerschulflugzeuge sowie für Verbindungsflüge und sind dank ihrer Zellenbelastung zwischen + 6 bis -3 g auch für den Formationskunstflug optimal geeignet.

Als Doppelsitzer konzipiert, sind die beiden Sitze hintereinander (Tandem) angeordnet. Der hintere, ursprünglich für den Lehrer gedachte Sitz ist 15 cm höher angelegt.

Die PC-7 ist eine Ganzmetallkonstruktion mit mittragender Außenhaut, ausgestattet mit einem elektrisch einziehbaren Dreibein-Fahrwerk und auf 60 Grad setzbaren, elektrisch betätigten Spaltklappen. Die Turbine wirkt auf einen Hartzell Dreiblatt-Propeller (Durchmesser 2,36 m) mit Gleichdrehzahlregelung. Das Kraftstoffsystem ermöglicht uneingeschränkten Kunst- und Rückenflug über einen längeren Zeitraum. Eine Luftbremse ist unter dem Rumpf installiert.

Von der Schweizer Luftwaffe 1983 als Ausbildungsflugzeug beschafft, wurden alle PC-7 in den Jahren 2008 und 2009 komplett modernisiert, um den aktuellen Anforderungen der Militärpilotenausbildung gerecht zu werden. Ein zeitgemäßes Glas-Cockpit, GPS und ein Autopilot wurden eingebaut und machen die PC-7 zur modernen Ausbildungsplattform.

(© VBS/PC-7 TEAM)

PC-7 Turbo Trainer	
Hersteller	Pilatus Flugzeugwerke AG, Stans/Schweiz
Typ	zweisitziges Schulflugzeug
Spannweite	10,40 m
Länge	9,77 m
Höhe	3,23 m
Triebwerk	Propellerturbine Pratt & Whitney Canada PT6A-25A
Triebwerkleistung	550 PS
Höchstgeschwindigkeit	500 km/h
Startmasse	2100 kg
Dienstgipfelhöhe	7620 m
Flugdauer	3 ½ Stunden
Reichweite	1440 km
Propeller	Hartzell Dreiblatt-Propeller, 2,36 m Durchmesser
Zellenbelastung (g)	+6/-3 g

SINGAPUR **BLACK KNIGHTS**

Auf der Südspitze von Malakka gelegen, entwickelte sich die Republik Singapur dank ihrer geografischen Lage an den Schifffahrtswegen zwischen China und Europa gelegen, zu einer der reichsten Länder (und Städte) weltweit.

Seit Sir Thomas Stamford Raffles als Handelsagent der Britischen Ostindien-Kompanie 1819 die erste britische Niederlassung gründete, war Singapur – mal mehr, mal weniger – britisches Einflussgebiet: selbstregierte Kronkolonie, autonomer Staat im Britischen Commonwealth, 1962 von Großbritannien in die Föderation mit Malaysia/Sabah/Sarawak entlassen und seit dem 9. August 1965 unabhängig.

Als sich Großbritannien 1968 entschließt, seine militärischen Stützpunkte »östlich des Sueskanals« aufzugeben, verlässt auch die Royal Air Force Singapur und die junge Republik sieht sich gezwungen, innerhalb kürzester Zeit eigene Luftstreitkräfte aufzustellen. Inzwischen rund 6000 Mann stark und auf modernstem Ausrüstungsstand, verfügt Singapur heutzutage über die schlagkräftigste Luftstreitmacht in der Region.

Der Werbewirksamkeit einer eigenen Kunstflugstaffel im In- und Ausland bewusst, gründet die südkoreanische Luftwaffe (RSAF = Republic of Singapore Air Force) 1973 ihr erstes offizielles

Nachdem sie ihr Programm mit einem Vorbeiflug in Delta-Formation eröffnet haben, präsentieren die Black Knights atemberaubende Formationen und Manöver. (Fotos: Zexsen Xie)

Kunstflugteam »Osprey Red« (rote Fischadler). Bereits im kommenden Jahr wird das Team in »The Black Knights« umbenannt. Bei der Namensfindung muss ein Schachspieler maßgeblich beteiligt gewesen sein, denn »Black Knight« steht für die Schachfigur, die im Deutschen als »Springer« bekannt ist und einen Pferdekopf trägt. Ein »Springer« gilt als aggressiv und flexibel und kann sowohl horizontal und als auch vertikal über eigene oder gegnerische Figuren springen. Folgerichtig erschien der »Springer« dem Oberkommando der RSAF als das ideale Symbol für die wagemutigen und dennoch wohlüberlegten und studierten Manöver ihrer Kunstflugpiloten. Das Emblem der »Black Knights« zeigt unter anderem in Rot die Schachfigur »Turm« mit einem davor platzierten Pferdekopf (Springer). Dieses Emblem ziert auch das Logo des Luftwaffenstützpunktes Tengah Air Base, wo auch die Black Knights beheimatet sind. Das Motto der Black Knights: Always Vigilant« (Jederzeit Wachsam).

Anfangs mit vier Piloten aufgestellt, flog das Team in den 1970er-Jahren Hawker Hunter, wurde in den 1980er-Jahren um einen zusätzlichen Piloten vergrößert und rüstete um auf F-5E Tiger. Anfang der 1990er-Jahre stiegen die Black Knights auf A-4SU Super Skyhawk. Zu Beginn des Jahrtausends durch zwei Piloten und zwei F-16A Fighting Falcon verstärkt, flogen sie als wohl einziges Formationskunstflugteam weltweit ihre Sechser-Formationen mit verschiedenen Flugzeugmodellen.

Seit Anfang 2008 komplett mit F-16C Fighting Falcon ausgerüstet, gibt das Team sein Debüt im Februar gleichen Jahres bei der ersten Singapore Airshow (19. – 24. Febr.). Bei Reisen ins Ausland werden dem Team stets einige zweisitzige F-16D zur Verfügung gestellt.

Das Team besteht aus sechs Piloten. Mitglied des »Black Knights«-Teams zu werden, ist äußerst schwierig. Bewerber müssen von ihren Vorgesetzten empfohlen werden und um überhaupt in die engere Wahl zu gelangen, müssen sie mindestens 1000 Flugstunden auf »Fighting Falcon« nachweisen können.

Leider sind die Black Knights nur selten in der Öffentlichkeit zu bewundern. Regelmäßig nur bei der Parade zum Nationalfeiertag (9. August) und – gewöhnlich nur ein- bis zweimal jährlich – bei ausgewählten Flugveranstaltungen.

Die Wartungscrew besteht aus 25 hochqualifizierten Technikern.

Das Flugzeug

Anfang der 1970er-Jahre auf Ersuchen der USAF von den Flugzeugbauern General Dynamics und Northrop »studienhalber« als kleiner, leichter, preiswerter Abfangjäger mit überlegenen Manövriereigenschaften konzipiert, mauserte sich die fixe Idee eines Leichtbaujägers schließlich zur F-16 Fighting Falcon – einem der ausgereiftesten, vielseitigsten und schlagkräftigsten Mehrzweck-Kampfflugzeuge unserer Zeit. Ursprünglich von General Dynamics und seit 1993 von Lockheed Martin seriengefertigt, dienen »Jagdfalken« auch noch rund vier Jahrzehnte nach ihrer Geburt – immer wieder kampfwert- und leistungsgesteigert – in großer Zahl bei mehr als zwei Dutzend Luftstreitkräften.

Die F-16 ist ein Mitteldecker, bei dem die Flügel mit dem Rumpf förmlich verschmelzen – so aerodynamisch rein sind die Übergänge gestaltet. Ihre Konstruktion beruht auf der harmonischen Verbindung des Auftrieb erzeugenden Tragwerks (wing body) mit den Auftrieb erzeugenden Flügeln und dem Höhenleitwerk. Die kurzen, rückwärts gepfeilten Flügel erzeugen wirbelzopfartige Strömungen und bewirken gemeinsam mit automatisch betätigten Vorflügeln optimale Auftriebverhältnisse. Die F-16 kann enge Kurven mit bis zu +9 g fliegen, was zur Zeit ihrer Indienststellung einzigartig war. Dank dem bei ihr weltweit erstmals serienmäßig eingebauten »Fly by Wire«-Steuersystem, benötigt die F-16 keine konventionelle Hydraulik. Stattdessen ist ihr Steuerknüppel unmittelbar elektronisch mit dem Bordcomputer vernetzt. Steuerbefehle werden also nicht mehr durch Seile und Gestänge, sondern durch elektronische Signale über dünne Kupferdrähte übertragen. »Fly by Wire« ist nicht nur sehr viel präziser und leichter, sondern auch weniger störungsanfällig.

Blick auf die »Mündung« des einfachen, in der Geometrie nicht verstellbaren Lufteinlaufkanals (Grenzschichtschneide schwach erkennbar). Die riesige Cockpithaube ist geöffnet. Mit Ausnahme ihres kleinen hinteren Abschnitts ohne sichthemmenden Rahmen, gewährt sie optimale Rundumsicht. (Foto: Luhai Wong)

Die F-16 erwies sich nicht nur für Kampfgeschwader, sondern auch für die Black Knights als optimale fliegende Plattform. Die blasenförmige Cockpithaube (bubble canopy) bietet hervorragende Rundumsicht und der um 30 Grad rückwärts geneigte Schleudersitz lässt die Piloten die hohen G-Belastungen im engen Kurvenflug leichter ertragen. Gesteuert wird die F-16 mit einem Mini-Steuergriff, der auf der rechten Seitenkonsole installiert ist und eine bequeme Hand- und Armauflage ermöglicht.

2008 übernahmen die Black Knights mit der F-16C den leistungsfähigsten Fighting Falcon, den Lockheed Martin damals zu bieten hatte. Natürlich unterscheiden sich ihre F-16C von den Fighting Falcon der Einsatzverbände. Zur Gewichtsersparnis und um Raum für die Ölbehälter der Rauchanlagen zu gewinnen, wurden die Maschinen »entwaffnet« (die Bordkanone M-61A1 »Vulcan« (Revolverkanone, Kaliber 20 mm) ausgebaut und im Cockpit zusätzliche Instrumente für den Betrieb der Rauchanlagen installiert.

Startende F-16C »Black Knights 5«. Das Seitenleitwerk trägt den Schriftzug »Black Knights« und den Pferdekopf des »Springers«. Der Pilot fliegt auf einem um 30 Grad nach hinten geneigten Schleudersitz, dessen Leistungsbereich bis Null Höhe und Null Geschwindigkeit reicht. Eine weit nach vorn gezogene scharfkantige Verlängerung des Flügelansatzes bildet die Nasenkante der Übergangsverkleidung zwischen Rumpf und Flügel und trägt wesentlich zur Verbesserung der Steuerbarkeit und Stabilität bei extrem hohen Anstellwinkeln bei. Mit einer Drehung von 90 Grad zieht das lenkbare Bugrad nach hintern ein. Das Hauptfahrwerk zieht nach vorn ein, sein Ausfahren erfolgt durch Schwerkraft mit Unterstützung des Luftwiderstands. Alle Maschinen besitzen eine Rauchanlage für weiße Rauchfahnen. (Foto: Bidgee)

F-16C (Block 52) Fighting Falcon	
Hersteller	Lockheed Martin
Typ	Mehrzweck-Kampfflugzeug
Spannweite	9,45 m
Länge	15,03 m
Höhe	5,09 m
Triebwerk	ein Mantelstromtriebwerk Pratt & Whitney F100-PW-229
Triebwerkleistung (kN)	131,6 kN (mit Nachbrenner)
max. Startmasse	12.138 kg
Höchstgeschwindigkeit	Mach 2 in 12.200 m Höhe im Horizontalflug
Dienstgipfelhöhe	15.240 m +
Überführungsreichweite	max. 4215 km
Zellenbelastung	+9/-3 g

SPANIEN
PATRULLA ÁGUILA

Die Patrulla Águila (Adlerpatrouille) ist eine verhältnismäßig junge Gruppe. Ihr Alter sagt jedoch nichts über ihr Können und ihre Erfahrung aus. Die meisten ihrer Piloten haben mehr als 3000 Flugstunden bestritten, zählen zu den besten ihres Landes und bewegen sich in der Luft so flink und gekonnt wie Toreros in der Arena. Gemäß ihrem inoffiziellen Motto: »Mit einem Augenzwinkern den Stier bei den Hörnern packen!« (VISTA; SUERTE Y AL TOR).

Geschichte

Die spanischen Luftstreitkräfte (Ejército del Aire) starten recht spät ins Jet-Zeitalter und stellen erst Anfang Januar 1956 ihre ersten North American F-86F Sabre in Dienst. Beim 1a Ala de Caza (1. Jagdgeschwader) in Valencia-Manises haben fünf Piloten nur auf diese Düsenjäger gewartet, schließen sich zu einem Formationskunstflugteam zusammen und erscheinen bereits am 23. Januar 1956 (!) bei einer Flugschau.

Das Team 2016. Kommandant Jefe Mora trägt Helm »Águila 0«. Die Dienstzeit der Piloten dauert im Allgemeinen drei Jahre. Im März 2017 wurde »Águila 2« durch Capitán Rose Malea ersetzt. (Foto: Peng Chen)

Formation »Poker«
(Foto: Bundesheer Fotos)

Noch besteht ihr »Programm« zwar nur aus einem Looping und einer Fassrolle, aber die nicht unbedingt verwöhnten Zuschauer sind begeistert. Nach diesem ermutigenden Start tritt das Team nur fünf Monate später – am 24. Juni – beim Manifestazione Aerea di Fiumicino in Rom vor ausländischem Publikum auf. Auch im folgenden Jahr erscheinen die Spanier in Italien, und zwar am 6. Juli 1957 beim Großflugtag Manifestazione Aerea Barraca di Linate.

In den ersten beiden Jahren seines Bestehens trägt das Team noch keinen Namen. Dies änderte sich erst, nachdem einer ihrer Piloten – Capitán Berriatùa – 1958 beim Flugtag in Sevilla tödlich verunglückt. Zu seinen Ehren nennt sich das Team seitdem »Ascua«, dem Funkrufnamen des Verunglückten. Bisher im Standardanstrich der spanischen Luftwaffe und ohne besondere Kennzeichen und Raucheinrichtung aufgetreten, erscheinen die Sabre der Ascua 1961 anlässlich einer zum 50. Jahrestag der belgischen Luftfahrtorganisation veranstalteten Flugschau erstmals mit einem Anstrich in Form einer Flamme, deren Rot mit einem schmalen gelben Streifen eingefasst ist. Rot ist auch das Seitenleitwerk, mit einem gelben Sägezahnmuster.

Über die weiteren Aktivitäten der Ascua ist nur wenig bekannt. So flogen sie 1960 bei einem Flugtag in Barcelona, 1962 auf der Spangdahlem Air Base bei Bitburgund und 1965 in Valencia-Manises. Dann verliert sich ihre Spur, nachdem das 1. Jagdgeschwader im Rahme einer Reorganisation der spanischen Luftstreitkräfte in zwei Verbände gegliedert wurde.

Zwanzig Jahre vergehen, bis sich die Führung der Ejército del Aire und die Regierung in Madrid nicht länger der Erkenntnis verschließen können, dass eine offizielle Formationskunstflugstaffel (Patrulla Aerobática de España) ein ideales Instrument und Werbeträger für Politik, Kommerz allgemein und speziell für die nationale Flugzeugindustrie von immenser Bedeutung ist.

Im Juni 1985 mit der Formierung des Teams beauftragt, wählt Capitán Francisco Carrizosa seine fünf Piloten unter den Fluglehrern der Luftwaffenakademie (Academia General del Aire). Wie die Academia auf dem Luftwaffenstützpunkt San Javier bei La Manga (Murcia) stationiert, übernimmt das Team fünf Strahltrainer CASA C-101 »Aviojet«.

Am 4. Juni 1985 mit dem Training begonnen, präsentieren die erfahrenen Fluglehrer als Patrulla Águila nur zehn Tage später bei einer Flugschau auf dem Flugplatz Jerez de la Frontera ein spektakuläres Programm.

Im Ausland erschien die Patrulla Águila zuerst am 18. Juli 1986 im belgischen Koksijde. Seit 1988 präsentiert das Team seine Vorführungen mit sieben Maschinen. Anlässlich der Olympischen Sommerspiele in Barcelona (Eröffnungsfeier: 25. Juli 1992) erhielten die »Aviojet« eine neue Bemalung, die zwar der Ascua ähnelt, jedoch moderner wirkt und die Dynamik der Formationen und Manöver viel stärker unterstreicht. Gleichzeitig wurden die Maschinen auch mit Rauchanlagen für farbige Rauchfahnen nachgerüstet. Ihren bisher letzten großen Auftritt in Deutschland hatte die Patrulla Águila mit drei begeisternden Vorführungen bei der Internationalen Luftfahrtausstellung ILA in Berlin im April 2018.

Eine Air Show der »Adler« dauert gewöhnlich rund eine halbe Stunde, wird im Verbandsflug mit sechs Maschinen und einem Solo-Piloten vorgeführt und umfasst ein klassisches Repertoire: vom Staffelflug über koordinierte Einzel- und Gruppenprogramme bis zum fulminanten Finale. Nur bei der Eröffnung und Im Finale ihres Programms fliegen alle sieben Maschinen zusammen. Besonders spektakulär ist der Mittelteil, wenn die Staffel aufgeteilt in drei Gruppen präsentiert: el Solo (Solopilot), el Par (zwei Piloten), el Rombo (vier Piloten). Welche Formationen und Manöver aktuell vorgeführt werden, richtet sich wie allgemein üblich nach den Wetterbedingungen (Wolkenuntergrenze!) und den Geländeverhältnissen. Seit ihrem Bestehen hat die Patrulla Águila bei Flugtagen im In- und Ausland, bei nationalen und speziellen Veranstaltungen vor einem begeisterten Publikum fast 30.000 Flugstunden absolviert.

Das Team

Ihr fliegerisches Können und ihre Air Show ständig verbessernd, verfügt das Team inzwischen über sieben »Aviojet« und besteht aus ihrem Kommandanten, sieben aktiven Piloten und fünf »Reservisten«. Die Patrulla Águila rekrutiert ihre Piloten auf freiwilliger Basis aus den Fluglehrern der Academia General del Aire. Jeder dieser Offiziere muss mindestens 1000 Flugstunden nachweisen – davon mindestens 300 auf Hochleistungs-Kampfflugzeugen. Wer die strengen Auswahlkriterien besteht, beginnt als »Reservist« und steigt (Bewährung vorausgesetzt) im zweiten Jahr ins reguläre Team auf. Die Dienstzeit dauert im Allgemeinen drei Jahre.

Auch als »Adler« sind die Piloten des Kunstflugteams weiterhin als Fluglehrer tätig und würden im Konfliktfall als Kampfflieger den Einsatzverbänden der spanischen Luftstreitkräfte zugeteilt. Als Unterstützungsflugzeug betreibt das Team ein leichtes Transportflugzeug CASA 212 Aviocar. Seit März 2017 dient erstmals eine Frau bei der Patrulla Águila: Capitán Rose Malea, Águila 2. Capitán Maleo kommt von der 15. Jagdgeschwader und hat dort F-18 Hornet geflogen.

Oben: Zur Eröffnung ihrer Air Show fliegen die »Adler« einige Formationen im Verbandsflug. (Foto: Bernardo Fernandez Copado)

Unten: Spektakülares Manöver! Fünf »Adler« werden von zwei Solomaschinen umkreist. (Foto: Matti Blume)

Das Flugzeug

Es gab und gibt kaum einen namhaften Flugzeughersteller, der nicht auch Strahltrainer anbietet. Folglich ist international eine Typenpallette entstanden, die die unterschiedlichsten Bedürfnisse abdeckt. Als Spaniens CASA (Construcciones Aeronáuticas Sociedad Anónima) dieses Feld mit der C-101 betrat, wollte sie einen preiswerten Trainer zur Fortgeschrittenenschulung. anbieten, mit dem angehenden Düsenjägerpiloten alle nötigen Erfahrungen vermitteln werden konnten.

Die Ejército del Aire war an der C-101 anfangs primär als unbewaffneter Trainer für ihre Academia General del Aire, Übungs- und Erprobungseinheiten sowie für ihr Kunstflugteam interessiert. Später zum leichten Erdkampfflugzeug und zur Seezielbekämpfung umgerüstet, gelangte die C-101BB/CC/A-36 auch zu den Einsatzverbänden.

CASA erwartete zunächst eine Bestellung der spanischen Luftstreitkräfte über 120 Maschinen und war sich bewusst, dass sie einen solchen Großauftrag unmöglich bewältigen konnte und sah sich genötigt, Firmen mit größerer Erfahrung in Anspruch zu nehmen. So half Northrop beim Entwurf der Triebwerklufteinläufe und des Flügelprofils, während die deutsche MBB für den hinteren Rumpfabschnitt und den Heckaufbau verantwortlich zeichneten. Windkanalversuche wurden in Frankreich und Großbritannien durchgeführt. Trotz all dieser »Fremdarbeiter« gilt die C-101 als spanisches Produkt.

Der Prototyp erhielt die Bezeichnung XE-25-01 (X = Testmaschine, E = Entrenamiento = Trainer) und startete am 27. Juni 1977 zum Jungfernflug. Bis März 1980 war das Programm so weit fortgeschritten, dass die Ejército del

Aire ihre ersten C-101 in Dienst stellen konnte.

CASAS legte bei der Konstruktion größten Wert auf Flugsicherheit, verbunden mit niedrigen Wartungs-, Instandhaltungs- und Betriebskosten. Der Ganzmetallrumpf der C-101 ist geräumig und bietet Raum für zwei hintereinander (Tandem) angeordneten Sitzen. Primär als Trainer geplant, ist das hintere, für den Fluglehrer vorgesehene Cockpit höher angeordnet. Auf hohe Triebwerkdauerleistung wurde verzichtet.

Die Maschinen C-101EB der Patrulla Águila unterscheiden sich von den Maschinen der Einsatzverbände auf den ersten Blick nur durch ihre Sonderlackierung und die Rauchanlage.

Charakteristisch für die C-101EB sind das spitze Bugradom, schmale, etwas vom Rumpf abstehende Triebwerklufteinläufe, ein stabiles Fahrwerk mit kurzem Federweg, leicht nach oben abgewinkelte stämmige brettartige Flügel sowie die an der Nasenkante zurückgepfeilte Seitenflosse. Ihr Triebwerkgeräusch erinnert an einen Staubsauger. Primär als Trainer geplant, ist das hintere, für den Fluglehrer vorgesehene Cockpit höher angeordnet.

Die Patrulla Águila fliegen die C-101EB »Aviojet« seit ihrem Bestehen.

Start! Die Patrulla Águila fliegen die C-101EB »Aviojet« seit ihrem Bestehen. (Foto: Gian Marco Anzellotti)

C-101EB Aviojet	
Hersteller	CASA (Construcciones Aeronáuticas Sociedad Anónima)
Typ	zweisitziges Schulflugzeug
Spannweite	10,60 m
Länge	12,50 m
Höhe	4,25 m
Triebwerk	Strahltriebwerk Garrett TFE731-2-2J, ohne Nachbrenner
Triebwerkleistung	15,6 kN
Startmasse	4850 kg
Höchstgeschwindigkeit	834 km/h
Startstrecke	630 m
Dienstgipfelhöhe	12.200 m
Überführungsreichweite	3706 km
Anfangssteiggeschwindigkeit	1152 m/min

(Quelle: Republic of Korea Armed Forces)

SÜDKOREA **BLACK EAGLES**

Seit den 1950er-Jahren an einem der militärisch bedrohlichsten Brennpunkt der jüngeren Geschichte beheimatet, gilt die südkoreanische Luftwaffe (ROKAF = Republic of Korea Air Force) mit ihren rund 63.000 Soldatinnen und Soldaten und modernen Kampfsystemen (vom Mehrzweck-Kampfflugzeug bis zum Transporthubschrauber) als eine der schlagkräftigsten Luftstreitkräfte Asiens. Zu ihrem Bestand (gegenwärtig rund 900 Fluggeräte) gehören auch die überschallschnellen Strahltrainer T-50 Golden Eagle. Von der ROKAF Ende August 2005 in Dienst gestellt, wurden zehn Maschinen dieses Typs 2009 auch vom Kunstflugteam Black Eagles (schwarze Adler) übernommen.

Im Verband der ROKAF seit 2013 als 53rd Air Demonstration Group geführt, sind die schwarzen Adler auf dem Luftwaffenstützpunkt Wonju beheimatet.

Geschichte

Die Geschichte des südkoreanischen Formationskunstflugteams reicht zurück bis zum 1. Oktober 1953; nur wenige Wochen nachdem im Koreakrieg der Waffenstillstand (27. Juli 1953) geschlossen worden war.

Das erste noch namenlose Team erschien mit seinen vier North American F-51 Mustang bei den Feiern zum »Tag der Streitkräfte« und bei zahlreichen lokalen Feierlichkeiten. Am 2. Oktober 1962 rüstete das Team um auf vier überschallschnelle North American F-86 Sabre und nannte sich seitdem »Blue Sabre« (blaue Säbel). 1967 wurden die Blue Sabre aufgelöst und ein Jahr verging, bis die ROKAF ein neues Formationskunstflugteam formierten, mit Northrop F-5A Freedom Fighter ausstatteten und »Blue Eagle« (blaue Adler) tauften. Auch die Folgezeit verlief unruhig, mehrfach auf neue Flugzeuge umgerüstet, wurden die Kunstflugaktivitäten schließlich völlig eingestellt.

Im wahrsten Sinne des Wortes als Vollzeitstaffel existiert das jetzige südkoreanische militärische Formationskunstflugteam erst seit dem 12. Dezember 1994. Formiert auf Befehl des Oberkommandieren der südkoreanischen Luftwaffe, General Kim Hong Rae und »Black Eagles« getauft, wurde es mit acht Cessna A-37B Dragonfly ausgestattet.

In Südkorea bald sehr beliebt, zeigten die Black Eagles in den Folgejahren ein ständig verbessertes Flugprogramm jährlich bei bis zu 20 lokalen Veranstaltungen.

Da die Umrüstung des Teams auf die T-50 geplant war, wurden alle Kunstflugaktivitäten am 31. Oktober 2007 eingestellt und die Black Eagles offiziell aufgelöst. Eine »Wiederbelebung« sollte – wenn überhaupt – erst 2010 erfolgen. Glücklicherweise vollzog sich die Umstellung auf den überschallschnellen Strahltrainer jedoch kurzfristiger und so wurden die Black Eagles im August 2009 neu gegründet.

Black Eagles aktuell

Ihre Wiedergeburt feierte die neue Staffel anlässlich der Feiern zum 60. Geburtstag der ROKAF am 23. September 2009 im Rahmen einer Air Show in der südkoreanischen Hauptstadt Seoul. Ende Mai 2010 rüsten die Black Eagles um auf leistungsgesteigerte T-50B. Die erste Maschine wird dem Leader (Eagle 1) zugeteilt.

Am 1. Juli 2012, längst waren die Black Eagles auch international berühmt, wurden das Team bei der 17. International Waddington Air Show auf dem englischen Luftwaffenstützpunkt RAF Waddington mit der »Boeing Trophy« für das beste Flugprogramm ausgezeichnet. Nur wenig später, wurden die Black Eagles am

Das spektakuläre Flugprogramm der Black Eagles zählt zu den Besten der Welt und umfasst jeweils rund 30 Formationen bzw. Manöver in großen Höhen (Highshow) und im Tiefflug (Lowshow).

18. Juli gleich bei ihrem ersten Auftritt bei der Royal International Air Tattoo (RIAT) für die beste und vollkommenste Flugvorführung (Best Overall Flying Demonstration) mit dem »King Hussein Memorial Sword« ausgezeichnet.

Als Auszeichnung und Dank für ihre Dienste als würdige Repräsentanten ihrer Heimat und der südkoreanischen Luftwaffe wurden die Black Eagles am 1. April 2013 zu einer selbständigen Gruppe – 53rd Air Demonstration Group – ernannt und der unmittelbaren Befehlsgewalt des ROKAF-Hauptquartieres unterstellt.

Das Team

Acht handverlesene Piloten der ROKAF bilden das Team der Black Eagles. Ihr fliegerisches Können ist außerordentlich hoch und auch ihre physischen und psychischen Fähigkeiten sind überdurchschnittlich. Für die Auswahl als Team-Mitglied ist aber letztendlich entscheidend, dass die Bewerber von den übrigen Angehörigen akzeptiert und gewählt werden. Auch Mitglieder des Wartungs- und Technikpersonals müssen höchsten Anforderungen genügen.

Seit 2018 ist Lt. Col. Kim Yong-Min Kommandant des Teams. Er war bereits von 2012 bis 2016 als Team Leader tätig und kann mehr als 2300 Flugstunden auf Hochleistungs-Kampfflugzeugen nachweisen. Seit 2009 betreiben die Black Eagles acht T-50 und zwei Reservemaschinen. Alle haben einen gelb-weiß-schwarzen Anstrich. und ein internes Raucherzeugungssystem und entsprechen ansonsten im Wesentlichen den T-50 der ROKAF-Schul- und Einsatzverbände.

Die dicken weißen Rauchfahnen entstehen durch Einspritzen von Öl und Diesel (Rauchöl) aus zwei Behältern direkt in die Schubdüse. Durch individuelle Regulierung können die Black Eagles so bis zu 20 Minuten »rauchen«.

ROKAF T-50

환
Black Eagles 귀국 환영식
와딩턴국제에어쇼 The Best Display Award(최우수) 수상
RIAT국제에어쇼 The King Hussein Memorial Sword(최우수) 수상
RIAT국제에어쇼 The 'As the Crows Flies' Trophy(인기상) 수상
2012. 7. 18.(수) 공군본부
Republic of Korea MND
Defense Media Agency
http://www.flickr.com/photos/kormnd/

Oben: T-50B der Black Eagles, RIAT 2012. (Foto: Airwulfhound)

Unten: RIAT 18. Juli 2012. Für ihre »Best Overall Flying Demonstration« wird das Team »Black Eagles« mit dem »King Hussein Memorial Sword« ausgezeichnet. (Quelle: Republic of Korea Armed Forces)

T-50B des Leader »Eagle 1«, Farnborough International Airshow 2012. (Foto: John5199)

Das Flugzeug

Bestrebt, die einheimische Flugzeugindustrie auszubauen und die Abhängigkeit von ausländischen Lieferanten zu verringern, begann Samsung Aerospace Ende der 1980er-Jahre mit der Konstruktion eines Turboporp-Trainers und Anfang der 1990er-Jahre wurde mit Studien zu einem Hochleistungs-Strahltrainer begonnen, der auch als leichtes Kampfflugzeug geeignet sein sollte.

Hohe Entwicklungskosten zwangen Samsung, sich die finanzielle und technische Unterstützung des US-Unternehmens General Dynamics (heute Lockheed Martin) zu sichern und so ist nicht verwunderlich, dass der seit dem Jahr 1999 als Strahltrainer T-50 »Golden Eagle« bezeichnete Maschine eine Miniausgabe der F-16 geworden ist.

Südkoreas Luftfahrtindustrie wurde 1999 auf Anordnung der Regierung in Seoul »gestrafft« und so fusionierten Daewoo Heavy Industries (DHI), Hyundai Space and Aircraft Company (HYSA) und Samsung Aerospace (SSA) offiziell am 1. Oktober 1999 zur Korea Aerospace Industries (KAI).

Der erste Prototyp der T-50 wurde der Öffentlichkeit im Oktober 2001 vorgestellt und am 20. August 2002 ein erfolgreicher, rund 40 minütiger Erstflug absolviert. Als Mitteldecker mit gering gepfeilten Flügeln, weit vorgezogenen Flügelwurzeln, voll beweglichen Höhenflossen und Tandem-Cockpit konstruiert, hat die T-50 ein einfach bereiftes, einziehbares Bugradfahrgestell.

Die ROKAF übernahm ihre ersten »Golden Eagle« Ende Dezember 2005, die Black Eagles erhielten die Version T-50B im Jahr 2009.

Die Piloten fliegen auf Schleudersitzen des Typs Martin-Baker Mk 10L. Die T-50B der Black Eagles sind unbewaffnet.

T-50B Golden Eagle	
Hersteller	Korea Aerospace Industries (KAI)
Typ	zweisitziger Strahltrainer
Spannweite	9,17 m
Länge	13,13 m
Höhe	4,90 m
Triebwerk	Mantelstromtriebwerk General Electric F404-GE-402
Triebwerkleistung	78,7 kN mit Nachbrenner
Leermasse	6441 kg
Höchstgeschwindigkeit	1485 km/h (Mach 1,4)
Dienstgipfelhöhe	14.630 m
Startrollstrecke	345 m
Landerollstrecke	710 m
Zellenbelastung	+8/-3 g

(Quelle: Pilatus Aircraft Ltd, www.pilatus-aircraft.com)

SÜDAFRIKA **SILVER FALCONS – SILWER VALKE**

Unter dem Leitspruch Pride – Passion – Precison (Ehre – Leidenschaft – Präzision) präsentieren sich die Silberfalken als offizielles Formationskunstflugteam der südafrikanischen Luftstreitkräfte (SAAF = South African Air Force). Sie gelten als die »Cockpit-Botschafter« ihrer Heimat und ihrer Luftstreitkräfte. Sie sind bestrebt, durch ihr hochprofessionelles Auftreten bei formellen, öffentlichen und internationalen Veranstaltungen durch ihre spektakulären Flugvorführungen das nationale Bewusstsein zu stärken sowie Männer und Frauen für den Dienst in den südafrikanischen Streitkräften und speziell in der Luftwaffe zu wecken und zu bewahren. Seit ihrer Gründung haben die Silberfalken bei rund 1000 Air Shows ihr fliegerisches Können bewiesen. Ins Licht einer weltweiten Öffentlichkeit traten sie anlässlich des Eröffnungsspiels der Fußballweltmeisterschaft in Johannesburg am 11. Juni 2010.

Geschichte

Eine erste – inoffizielle – Kunstflugmannschaft im Verband der SAAF formierte sich bereits 1951. Es waren Fluglehrer der auf dem Flugplatz Dunnottar stationierten Central Flying School (Zentrale Fliegerschule), die mit North American AT-6 Texan (Schulflugzeug für Fortgeschrittene) bei regionalen Veranstaltungen erschienen und trotz sehr beschränkten Mitteln die Besucher begeisterten.

Offiziell wird es dann zwei Jahre später, als sich 1953 bei der inzwischen zum Luftwaffenstützpunkt Langebaanweg bei Kapstadt verlegten Fliegerschule unter dem Namen »Bumbling Bees« (deutsch: Hummeln) eine zweite Mannschaft mit vier Jets des Typs De Havilland Vampire formiert. Aber auch diesem Team ist keine lange Karriere beschert. Ende 1958 aufgelöst, wird es jedoch 1966 neuformiert und mit bei Atlas Aircraft Corporation of South Africa lizenzgefertigten Aermacchi MB-326 Impala Mk I ausgestattet.

Je länger die »Bumbling Bees« existieren, umso deutlicher wird, dass ihr englischer Name nicht alle Bewohner der Republik »erreicht« und so nutzen die Luftstreitkräfte die offizielle Eröffnung der Atlas Aircraft Corporation am 24. November 1967, dem Kunstflugteam einen neuen, auch in Afrikaans nutzbaren Namen zu geben: Silver Falcons – Silwer Valke (deutsch: Silberfalken).

Verbunden mit dem neuen Namen war die Gestaltung eines neuen Flugprogramms und eine den damaligen Nationalfarben entsprechende Sonderlackierung in Orange, Weiß und Blau. Um ihr bisher von vier Piloten durchgeführtes Flugprogramm noch dynamischer gestalten zu können, wurde das Team 1988 durch einen Solo-Piloten verstärkt.

1994 wurden die Teamfarben erneut geändert und zwar in die SAAF-Farben Weiß, Marineblau und Arktisblau. In ihrem neuen Anstrich präsentierten sich die Silberfalken erstmals bei der feierlichen Amtseinführung des neuen Staatspräsidenten Nelson Mandela am 10. Mai 1994 in Pretoria, wobei sie die neuen Nationalfarben durch Rauchfahnen über dem Regierungsviertel an den Himmel zeichneten.

Als die SAAF die Impala-Ausbildung als Teil der »85 Combat Flying School« auf den Luftwaffenstützpunkt Hoedspruit verlegt, wechseln auch die Silberfalken dorthin. Nach ihrer letzten, mit Impala präsentierten Air Show werden sie allerdings im September 1997 aufgelöst. Aber auch in Südafrika erkennen Regierung, Militärs und Wirtschaft jedoch sehr bald, von welch großer Bedeutung ein nationales Kunstflugformationsteam für Wirtschaft und Bürger ist und so werden die Silberfalken schon 1998 wieder-

Ein Airbus A319 der South African Airways eskortiert von Silberfalken bei der SAAF Swartkop Airshow 2010. (Foto: Ossewa)

Rechte Seite: Variationen des spektakulären Flugprogramms.

belebt, kehren zur Central Flying School nach Langebaanweg zurück und erhalten fabrikneue Pilatus PC-7 Mk II (Astra). In der Öffentlichkeit erscheinen die Silberfalken mit ihren Astra erstmals am 30. Oktober 1999. Sie bieten eine spektakuläre Show und präsentieren der begeisterten Menge – so ganz nebenbei – auch die enorme Leistungsfähigkeit dieses neuen SAAF-Trainertyps. Das Team besteht wieder aus nur vier rot-weiß lackierten Astra. Das Seitenleitwerk trägt die Nummern der Piloten und erhält – um die Flugzeuge der »Kunstflieger« von den regulären Luftwaffe-Trainern unterscheiden zu können – später auch eine Abbildung des Silberfalken.

Silberfalken aktuell

Obschon den Astra das ohrenbetäubende Dröhnen der Impala-Jets fehlt, ermöglichen diese propellergetriebenen Maschinen dank Drehmomenteffekt und Luftschraubenstrahl den Silberfalken neue, bis dato nicht gesehene spektakuläre Manöver. Langsamer als die Impala, benötigen die Astra für ihre Vorführungen weniger Raum, sodass die Silberfalken während ihrer gesamten Air Show im Blickfeld der Zuschauer bleiben können. Andererseits stellt der Propeller ein Gefahr dar – man darf ihm bei den engen Formationen nicht zu nahekommen.

Seit 2008 tragen die Astra der Silberfalken ihre bekannte blau-weiße Lackierung. Ein Geschenk von Kuba Miszewski, Direktor der »First African Paints« in Kapstadt. Der neue Anstrich wurde bis zum 17. September 2008 und bis zum Auftritt der Silberfalken anlässlich der »Africa Aerospace and Defence Expo« auf dem Luftwaffenstützpunkt Ysterplaat geheim gehalten. Das Flugprogramm in Fünfer-Formation und das neue Farbmuster wurden von den Zuschauern begeistert aplaudiert.

Abhängig von den Wetterbedingungen dauert das Flugprogramm rund 20 Minuten und besteht aus zwei Dutzend Formationen und Figuren, die mit rund 500 km/h absolviert werden.

Die Piloten der Silberfalken erfreuen sich größter Anerkennung und dies nicht nur bei ihren Air Shows, sondern in allen Bereichen des öffentlichen Lebens in Südafrika. Als Offiziere der südafrikanischen Luftstreitkräfte betrachten die Silberfalken die Rekrutierung von Nachwuchspiloten als eine ihrer wichtigsten Aufgaben.

Das Team

Südafrika Luftwaffe ist stolz auf ihre Silberfalken und verweist ebenso stolz auf ihren tadellosen Sicherheitsrekord; einer der besten der militärischen Formationskunstflugteams der Welt. Bisher haben sich nur zwei nennenswerte Unfälle ereignet. Der erste ereignete sich am 16. April 1988 als Captain Kobus Griesel sich mit dem Schleudersitz aus seiner Impala katapultieren musste, weil der Motor durch eine Panne der Rauchanlage feuergefangen hatte. Der zweite und bedauerlicherweise tödliche Unfall ereignete sich am 2. Oktober 1993: Bei einer Flugvorführung löste sich der rechte Flügel einer Impala beim Abfangen aus dem Looping vom Rumpf. Der Pilot, Captain Charlie Rudnick, konnte mit dem Schleudersitz aussteigen, fand jedoch beim Aufschlag auf den Erdboden den Tod.

Das Team besteht aus fünf Piloten (Rufzeichen: Falcon 1 bis Falcon 5) und zwei Unterstützungsoffizieren (Falcon 5 dient als Ground Liaison and Safety Officer, Falcon 7 als Public Relations Officer). Zu den Flugvorführungen wird das Team von acht bis zwölf Technikern begleitet. Im Gegensatz zu den meisten militärischen Formationskunstflugteams sind die Piloten der Silberfalken neben ihren Kunstflugpflichten primär als Fluglehrer der Central Flying School tätig. Die Piloten sind »handverlesen« und verfügen über hervorragende fliegerische und physisch-psychische Eigenschaften. Sie dienen dem Team auf freiwilliger Basis zwei bis drei Jahre.

(Foto: Ossewa)

(Foto: NJR ZA)

(Foto: NJR ZA)

(Foto: NJR ZA)

Das Flugzeug

Die Pilatus PC-7 Mk II »Astra« ist ein einmotoriges, von einer Propellerturbine angetriebenes Hochleistungsflugzeug. Bei der südafrikanischen Luftwaffe dienen Astra als Anfängerschulflugzeuge. Dank ihrer hohen Zellenbelastung ist die Astra für den Formationskunstflug optimal geeignet.

Als Doppelsitzer konzipiert, sind die beiden Sitze hintereinander (Tandem) angeordnet. Der hintere, ursprünglich für den Lehrer gedachte Sitz ist 15 cm höher angelegt. Die Piloten fliegen auf Schleudersitzen des Typs Martin-Baker CH-11A (Ausschuss Höhe Null mind. 120 km/h).

Die Astra gilt als eine Art Hybrid zwischen der ursprünglichen PC-7 und der leistungsgesteigerten, moderneren PC-9. Beide Muster wurden von mehr als 30 Luftstreitkräften als ideale und verglichen mit Jet-Trainern kostengünstigere Turbo-Trainer beschafft; allein die SAAF beschafft 60 PC-7 Mk II »Astra«. Die PC-7 ist eine Ganzmetallkonstruktion mit mittragender Außenhaut, ausgestattet mit einem elektrisch einziehbaren Dreibein-Fahrwerk und auf 60 Grad setzbaren, elektrisch betätigten Spaltklappen. Die Turbine wirkt auf einen Hartzell-Propeller HC-D4N-2A mit Gleichdrehzahlregelung. Das Kraftstoffsystem ermöglicht uneingeschränkten Kunst- und Rückenflug über einen längeren Zeitraum. Eine Luftbremse ist unter dem Bauch installiert.

Die Silberfalken übernehmen ihre Astra, als sie 1998 zur Central Flying School Langebaanweg zurückkehren. Anfangs mit dem leistungsschwächeren Triebwerk der PC-7 Mk I ausgestattet, werden sie später auf die stärkere Propellerturbine der PC-7 Mk II nachgerüstet und erhalten unter anderem ein EFIS Glas-Cockpit (auch »Bildschirm-Cockpit« genannt) mit integriertem GPS-System Garmin500.

(Foto: Col André Kritzinger)

PC-7 Mk II »Astra«	
Hersteller	Pilatus Flugzeugwerke AG, Stans/Schweiz
Typ	zweisitziges Schulflugzeug
Spannweite	10,19 m
Länge	10,13 m
Höhe	3,26 m
Triebwerk	Propellerturbine Pratt & Whitney Canada PT6A-25C
Triebwerkleistung	522 kW
Startmasse	2250 kg
max. Ansprechgeschwindigkeit	555 km/h auf Steuerausschläge
Überziehgeschwindigkeit	139 km/h
Startstrecke	260 m
Dienstgipfelhöhe	9150 m
Einsatzhöhe	7622 m
Anfangssteiggeschwindigkeit	866 m/min
Zellenbelastung	+7/-3,5 g

TÜRKEI
TÜRK YILDIZLARI

Nur wenige europäische Luftstreitkräfte können auf eine längere Tradition zurückschauen, wie die Türk Hava Kuvvetleri. Gegründet 1911, kämpfen ihre Piloten in den Balkankriegen 1912/13, im Ersten Weltkrieg an der Seite der Mittelmächte und müssen nach dem Zusammenbruch 1918 erfahren, dass die Siegermächte die Türkei auf Anatolien beschränken wollen. Geführt von Kemal Pascha (Atatürk), erheben sich auch die Flieger gegen diesen »Frieden« und tragen dazu bei, dass die Türkei gemäß dem Frieden von Lausanne (24. Juli 1923) in ihren heutigen Grenzen fortbesteht.

Flieger sind von Haus aus keine Krieger. Folglich sind die türkischen Piloten auch in diesen turbulenten Jahren bestrebt, sich im friedlichen Wettstreit zu messen. Obschon erste luftakrobatische Versuche aus den Jahren vor und nach dem Ersten Weltkrieg bekannt sind, wird das erste türkische »Akrotim« erst 1952 gegründet. Fünf weitere Teams müssen folgen, bis sich am 11. September 1992 die heutigen Türk Yıldızları (türkische Sterne) als Erben dieser langjährigen Kunstflugtradition formieren.

26. August 2018.
Türk Yıldızları bei ihrer 500. Flugschau über Afyonkarahisar.

Das Flugprogramm dauert rund eine halbe Stunde und umfasst normalerweise etwa 20 verschiedene Formationen und Manöver. Abhängig von den Wetterverhältnissen erfolgen die Vorführungen in größeren oder niedrigeren Höhen.

Als Angehörige eines der weltbesten Kunstflugteams fliegen die Solo-Piloten natürlich auch das »Spiegelbild« (»Reflection Pass«).

Geschichte

In der Türkei ist die Entwicklung der militärischen Formationskunstflugmannschaften historisch eng verbunden mit ihrem Beitritt zum Nordatlantikpakt (NATO) 1952. In einer damals wie heute in einer politisch instabilen Region und an der Schnittstelle der NATO zum damaligen Warschauer Pakt gelegen, ist die Türkei für das westliche Militärbündnis strategisch von allergrößter Bedeutung.

Kaum war die Türkei NATO-Mitglied, als eine umfassende Modernisierung ihrer Luftstreitkräfte eingeleitet wurde. Veraltetes Fluggerät wurde durch strahlgetriebene Kampfflugzeuge ersetzt. Ein Fortschritt, von dem auch die kunstflugbegeisterten türkischen Piloten profitierten. Eines der bekanntesten frühen Teams waren die Uçan Kuğular (Fliegende Schwäne«. Seine rotweiß lackierten North American F-86E Sabre waren am Bug von einem Schwan geziert. Bis zu ihrer Auflösung 1965 waren sie das bekannteste Formationskunstflugteam der türkischen Luftwaffe. Anderen Teams – beispielsweise die Akrep (Skorpione), Yarasalar (Fledermäuse), Kartal (Adler) – war keine längere Karriere beschieden und so vergingen rund zwei Jahrzehnte, bis der Oberbefehlshaber der Türk Hava Kuvvetleri (türkische Luftwaffe), General Halis Burhan, am 11. September 1992 die Gründung einer Formationskunstflugstaffel (türk.: Akrotim) befahl und fast auf den Tag genau zwei Monate später wurde am 7. November 1992 auf dem Luftwaffenstützpunkt Konya die – anfangs noch namenlose – neue türkische Formationskunstflugstaffel gegründet.

Das neue Team umfasste je vier sorgfältig ausgewählte Piloten der Filo 132 (132. Staffel) und Northrop NF-5. Unverzüglich wurde ein Flugprogramm ausgearbeitet und Formationen und Manöver bei Übungsreisen im In- und Ausland studiert und trainiert. Diese Vorbereitungen dauerten nur wenige Monate. Am 11. Januar 1993 offiziell Türk Yıldızları getauft, reisten die Türkischen Sterne zur weiteren Ausbildung nach Kanada, Großbritannien und Italien. Um den außergewöhnlichen Manövern bei Training und Kunstflug gewachsen zu sein, wurden die NF-5 sicherheitstechnisch auf höchstmöglichen Standards nachgerüstet, mit einem System zur Rauchentwicklung ausgestattet und trugen zusätzlich zur rot-weißen Lackierung, an den Rumpf- und Flügelunterseiten die Konturen des Adlers der sagenhaften seldschukischen Fürstendynastie.

Am 19. Juni 1993 präsentierten die Türkischen Sterne ihre Künste vor Angehörigen der türkischen Regierung und ausgewählten Gästen auf dem Luftwaffenstützpunkt der Hauptstadt Ankara. Die Zuschauer waren begeistert und prompt erhielt das Team Flottenstatus und galt als die jüngste Überschallkunstflugmannschaft der Welt.

Verbunden mit dem »Flottenstatus« war eine Vergrößerung des Teams im August 1993. Im Luftwaffenversorgungs- und -wartungszentrum Eskişehir wurden seine Maschinen für ihre zukünftigen Vorführungen modifiziert und mit Trainingsflügen in Fünfer- und Sechser-Formationen begonnen.

Türk Yıldızları aktuell

Auf sieben Piloten sowie neun NF-5A und eine zweisitzige NF-5B angewachsen, gaben die Türk Yıldızları am 5. Oktober 1994 ihr Debüt als offizielles Formationskunstflugteam der türkischen Luftstreitkräfte in Diyarbakır und während der Feierlichkeiten zum Nationalfeiertag »Tag der Republik« am 29. Oktober 1994 in Ankara. Zum Abschluss der NATO-Übung »Distant Thunder 95« zeigten die Türkischen Sterne am 20. April 1995 in Eskişehir ihre Flugkünste vor zahlreichen nationalen und ausländischen Gästen, erschienen zum »Tag der Republik« am 29. Oktober 2000 über Ankara und begeisterten am 24. August 2001 in Baku (Aserbaidschan) schätzungsweise mehr als eine Million Zuschauer. Ständig bestrebt, ihr Flugprogramm zu verbessern und noch attraktiver zu gestalten, trainierten die Türk Yıldızları 2003/2004 Formationen mit insgesamt acht Flugzeugen. In der Öffentlichkeit präsentierten sie ihr erweitertes Programm erstmals am 30. März 2004.

Als Repräsentanten ihres Landes und ihrer Luftstreitkräfte im In- und Ausland gefeiert und verweisen sie stolz darauf, dass sie nach dem Flugplatzunglück von Ramstein (28. Aug. 1988) als erstes Team auf der Internationalen Luftfahrtausstellung ILA in Berlin 2012 ihr Flugprogramm ohne Einschränken über deutschem Boden zeigen durften.

Längst gelten die Türkischen Sterne als eines der besten und erfolgreichsten militärischen Formationskunstflugteams der Welt. Ihre 500. öffentliche Flugschau zeigten sie am 26. August 2018 über der westanatolischen Stadt Afyonkarahisar anlässlich der Gedenktage zum Sieg in der Schlacht gegen die griechischen Truppen vom 26. – 30. August 1922.

TURKISH AIR FORCE

Das komplette Team Türk Yıldızları

Das Team

Gegründet mit vier Piloten, bestand das Team im Jahre 2006 sogar aus insgesamt zwölf Piloten und ist inzwischen auf sieben Piloten verkleinert worden. Hinzu kommen sechs Unteroffiziere für Ausrüstung und administrative Aufgaben.

Alle Piloten sind Offiziere der türkischen Luftwaffe und haben sich freiwillig zum Dienst bei den Türkischen Sternen gemeldet. Zum Nachweis für ihr fliegerisches Können müssen sie mindestens 300 Flugstunden auf NF-5A/B und nicht weniger als 800 Flugstunden auf Hochleistungskampfflugzeugen nachweisen können.

Einige Piloten sind auf ihren Positionen austauschbar und werden bei Flugvorführungen als Reservisten eingesetzt.

Die Türk Yıldızları sind bestrebt, den Zuschauern bei fast jedem Wetter eine atembe raubende Air Show zu bieten. Logischerweise richtet sich die aktuelle Gestaltung der Flugvorführung nach Wetterverhältnissen und Wolkenuntergrenze und findet demnach in größeren bzw. bei schlechtem Wetter in niedrigeren Höhen statt.

Das Flugzeug

Die Geschichte der Northrop F-5 »Kampftiger« reicht zurück bis in die 1950er-Jahre. Als sogenannter Leichtgewichtjäger entworfen, war sie zwar klein und schlicht konstruiert, besaß sie jedoch ein außergewöhnlich hohes Leistungsvermögen. Ihre Zielgruppe waren nicht nur die USAF, die Flieger der US Navy und des US Marine Corps, sondern auch die Luftstreitkräfte befreundeter und kleinerer Luftstreitkräfte. Northrops Rechnung ging auf und die F-5 wurde in zahlreichen Versionen als kosten günstiges Kampf- und Schulflugzeug rund um den Globus in Dienst gestellt – von Bahrain bis Venezuela und von Brasilien bis in die Türkei. Als 1975 der Krieg in Vietnam endete, erbeutete die damalige nordvietnamesische Luftwaffe über 90 F-5 verschiedener Versionen.

Einige dieser Maschinen sollen noch Ende der 1980er-Jahre in Vietnam im Einsatz gewesen bzw. in Ländern des damaligen Warschauer Paktes für Untersuchungen betrieben worden sein.

Die türkische Luftwaffe entschied sich für die F-5 und beschaffte ab 1987 drei Varianten: einsitzige NF-5A, zweisitzige NF-5B und Aufklärer RF-5A. Ihre Piloten waren vom Leistungsvermögen der Maschinen begeistert und so war es nur folgerichtig, dass die Türk Yıldızları bei ihrer Gründung mit NF-5A und NF-5B ausgestattet wurden.

Von den Kampfflugzeugen der türkischen Einsatzverbände scheinen sich die Kunstflugmaschinen auf den ersten Blick nur durch ihre Sonderlackierung zu unterscheiden. Tatsächlich wurden neun NF-5A und eine NF-5B 1993 im Luftwaffenversorgungs- und -wartungszentrum Eskişehir für die besonderen Belange modifiziert: Die Konstruktion der Zelle wurde verstärkt, die Sicht der Piloten durch veränderte Instrumententafeln und zwei Außenspiegel verbessert, die Flügelspitzentanks in Farbbehälter für die neu installierten Rauchanlagen umgerüstet sowie die beiden buglafettierten 20-mm-Revolerkanonen M-39A2 ausgebaut. Um Mängel bei Flugvorführungen erkennen und unverzüglich beheben zu können, wurde jede Maschine im Jahr 2000 zusätzlich noch mit einem dreiachsig stabilisierten Videorekorder nachgerüstet.

Als diese Zeilen im Sommer 2019 geschrieben wurden, umfasste die Flotte der Türk Yıldızları 16 NF-5A/B.

NF-5A im Landeanflug. In den Flügelspitzentanks sind die Farbbehälter der Rauchanlage untergebracht. Hinter der Schubdüse wird das Rauchmittel in den Abgasstrom eingespritzt (die Leitung ist bei genauem Hinsehen gerade erkennbar) und erzeugt je nach Zusammensetzung unterschiedlich gefärbten Rauch. (Foto: Konflikty.pl)

NF-5A »Freedom Tiger II«	
Hersteller	Northrop
Typ	zweistrahliges Mehrzweck-Kampfflugzeug
Spannweite	7,70 m
Länge	14,38 m
Höhe	4,01 m
Triebwerk	zwei Strahltriebwerke General Electric J85-CAN-15
Triebwerkleistung	je 1850 kg, Standschub mit Nachbrenner
Startmasse	max. 9379 kg
Höchstgeschwindigkeit (km/h)	1315 km/h
Dienstgipfelhöhe	15.400 m
Überführungsreichweite	ca. 1000 km
Zellenbelastung	+7,33/-3,0 g

7. Juli 2012. Al Fursan erstmals Gäste der Royal International Air Tattoo. (Foto: Ronnie Macdonald)

VEREINIGTE ARABISCHE EMIRATE **AL FURSAN**

Als Formationskunstflugteam sind die Al Fursan (deutsch: »Die Ritter«) Teil der Streitkräfte der Vereinigten Arabischen Emirate. Diese bundesstaatliche Föderation wird von sieben selbständigen Emiraten (Abu Dhabi, Amman, Dubai, Fujairah, Ras Al-Khaiman, Sharja und Unrm-jal-Qaiwan) gebildet. Jedes dieser Emirate steuert einen Anteil zum Betrieb der gemeinsamen Luftwaffe (UAEAF: United Emirates Air Force) bei.

Die politische und militärische Führung der Vereinigten Arabischen Emirate pflegt traditionell gute Beziehungen zur italienischen Luft waffe und so konnte es nicht ausbleiben, dass man in den Emiraten die Erfolge der Frecce Tricolori und ihrer MB-339 begeistert – und auch etwas neidisch – verfolgte und schon bald ein eigenes Formationskunstflugteam wünschte.

Realisiert wurde dieser Wunsch allerdings erst 2010, nachdem die UAEAF für ihre Fliegerschule Strahltrainer des Typs Aermacchi MB-339 beschafft hatte. Noch im selben Jahr wird eine Formationskunstflugstaffel gegründet und »Al Fursan« getauft. Ihre Maschinen tragen einen schwarz-goldenen Anstrich

Das Team erhält sieben MB-339PAN und die Frecce Tricolori übernimmt in kameradschaftlicher Unterstützung die Ausbildung in Theorie und Praxis. Dass beide Teams dasselbe Flugzeugmodell mit derselben Rauchanlage betreiben, erleichtert die Schulung immens.

Nach einigen gelungenen lokalen Flugvorführungen wagen sich »Die Ritter«, nachdem sie bei der Bahrein International Airshow 2012 auch internationalem Publikum bekannt ge-

Ebenfalls am 7. Juli präsentieren sich »Die Ritter« bei der RIAT mit allen sieben Maschinen im engsten Formationskunstflug. (Foto: Ronnie Macdonald)

Ihr spektakuläres, mitreißendes Flugprogramm zeigte Al Fursan Ende April 2016 auch in Marokko bei der Marrakech Airshow. (Urheber: DoD News, photo by TSgt Brian Kimball)

worden waren, noch im gleichen Jahr nach Großbritannien, wo sie auf der RIAT begeistert empfangen werden. Es folgen Auftritte auf worden waren, noch im gleichen Jahr nach der heimischen Dubai Air Show 2013, 2014 bei den Belgian Air Force Days, bei der Bahrain International Airshow und der internationalen Flugschau Air14 (100 Jahre Schweizer Luftwaffe) auf dem Militärflugplatz Payerne. Auch auf der anlässlich der IDEX 2015 (International Defence Exhibition & Conference), die alle zwei Jahre in Abu Dhabi stattfindende größte Wirtschaftsmesse der Rüstungsindustrie für Staatssicherheit und Rüstungsgüter im Nahen Osten, präsentierte sich Al Fursan internationalem Publikum. 2015 sehr aktiv, erschienen »Die Ritter« 2015 auch noch in Muscat (Oman), im folgenden Jahr Ende April bei der Marrakech Airshow und 2017 beim MAKS, dem Internationalen Luft- und Raumfahrtsalon auf dem Flugplatz Schukowski bei Moskau.

Das Flugzeug

Bei ihrer Gründung werden die Al Fursan mit zweisitzigen Aermacchi MB-339PAN ausgestattet. Zur Verbesserung der Manövrierfähigkeit und um dem »Kunstflieger« im engen Formationsflug eine bessere Sicht zu bieten, verzichtet diese kunstflugtaugliche Spezialversion auf die sonst üblichen Flügelspitzentanks. Entfallen sind auch die äußeren Unterflügelstationen, während an den inneren Waffenpylonen mit gefärbtem Dieselöl gefüllte Rauchbehälter mitgeführt werden. In die Abgasanlage gespritzt, erzeugen sie die bei Flugvorführungen spektakuläre farbige Rauchfahnen. Ansonsten entsprechen die MB-339PAN dem Schul-, Erdkampf- und Nahunterstützungsmuster MB-339A. Die Aermacchi MB-339 ist eine schöne und – laut Aussage ihrer Piloten – herrlich zu fliegende Maschine.

MB-339PAN. (Foto: Ronnie Macdonald)

MB-339PAN	
Hersteller	Aermacchi
Typ	strahlgetriebenes zweisitziges Kunstflugflugzeug
Spannweite	10,25 m
Länge	10,97 m
Höhe	3,99 m
Triebwerk	bei Piaggio lizenzgefertigtes Turbinen-Luftstrahltriebwerk Rolls-Royce Viper Mk 632-43 ohne Nachbrenner
Triebwerkleistung	17,8 kN
max. Startmasse	4400 kg
Höchstgeschwindigkeit	Mach 0,85/ 926 km/h im Horizontalflug
Dienstgipfelhöhe	14.630 m
Anfangssteiggeschwindigkeit	33,5 m/s
Zellenbelastung	+8/-4 g

*6. Oktober 2018,
Fleet Week San Francisco
(Kalifornien). Blue Angels in
Delta-Formation.
(Foto: Frank Schulenburg)*

VEREINGTE STAATEN VON AMERIKA **BLUE ANGELS**

Die auf dem Marinefliegerstützpunkt NAS Pensacola (NAS = »Naval Air Station«) stationierte Naval Flight Demonstration Squadron »Blue Angels« (deutsch: blaue Engel) gehört zu den traditionsreichsten Kunstflugteams der Welt.Aufgaben und Selbstverständnis des Teams beschrieb einer ihrer Führer wie folgt: »Es ist unsere Pflicht, als Botschafter unserer Nation durch Professionalität und Perfektion stolz die Werte unseres Landes zu bewahren. Dies sind die Eigenschaften, die die Blue Angels auszeichnen.«

Blau und Gold lackiert, tragen die Blue Angels die offiziellen Farben der US Navy.

Geglückter Start

Die grandiose Geschichte der Blue Angels startet am 24. April 1946 mit einem Befehl des Admirals Chester W. Nimitz als Oberbefehlshaber der US Navy (Chief of Naval Operations) zur Bildung eines Navy Flight Exhibition Team. Damals gilt die Aufmerksamkeit der amerikanischen Öffentlichkeit der Reorganisation der US Army Air Force (USAAF) zur US Air Force (USAF) und Nimitz will vermeiden, dass die Interessen und das Ansehen der US Navy und ihrer Fliegertruppe ins Hintertreffen geraten. Führer des Kunstflugteams wird Lieutenant Commander

Beim »Line abreast«-Looping bilden die Maschinen eine perfekte Linie – Flügelspitze an Flügelspitze und in einer Höhe. (Foto: US Navy Mass Communications Specialist 3rd Class Andrew Johnson)

»Double Farvel«. (Foto: SSGT RHIANNON WILLARD, USAF)

F/A-18 Hornet in »Diamond«-Formation. Bei einer Flugschau in Denver (Colorado) am 24. August 1946 zeigten die Blue Angels erstmals diese schnell zu ihrem Gütezeichen werdende Formation. (Foto: Blue Angels).

McDonnell Douglas F/A-18 Hornet. Leistungsstark, schnell und leicht, bewährt sich dieses Mehrzweck-Kampfflugzeug bei den Blues dank exzellenter Steigrate und Beschleunigung auch im Kunstflug als ideales »Schlachtross«. Die Leistungsfähigkeit der Hornet ermöglichte die Entwicklung des »Section High Alpha Pass«. Bei diesem Manöver zeigen die Nasen um 45 Grad gen Himmel, während die Maschinen auf dem Heck balancieren.

Am 7. September 1990 absolvierten die Blues in Grand Forkes (North Dakota) ihre 3000. Air Show. Zwei Jahre später tourte das Team durch Asien und Europa und zeigte als erstes US-amerikanisches Militär-Kunstflugstaffel seine Kunst auch in Russland, Rumänien und Bulgarien. 1994 übernahm mit Cmdr. Donnie Choran erstmals ein Afroamerikaner das Kommando der Blue Angels am 11. November 1998 landete erstmals eine Maschine der Blues an Bord des in voller Fahrt befindlichen Flugzeugträgers USS Harry S. Truman (CVN-75).

Blue Angels aktuell

Als touristischer Geheimtipp im Norden des US-Bundesstaates Florida gilt das 12.000-Einwohner-Städtchen Destin am Golf von Mexiko. Bei Hochseefischern als »The World's luckiest Fishing Village« bekannt, bietet sich dort aber auch dem Kunstflug-Fan dienstags und donnerstags ab 11:30 Uhr ein besonderer Genuss: Dann wird es laut am Himmel und die Blue Angels donnern über die Pensacola-Bucht und trainieren ihr atemberaubendes Kunstflugprogramm.

Verliefen die ersten Jahre des 21. Jahrhunderts noch im gewohnten Ablauf von Training und erfolgreichen Air Shows, so brachte Hurricane »Iwan« im September 2004 unerwarteten Ärger. Er unterbrach den militärischen Alltag auf NAS Pensacola, und zwei Wochen brauchten die Blues um ihre Unterkünfte, Hangars und Wartungshallen zu säubern.

Wirklich einschneidende Maßnahmen folgten mit Wirkung vom 1. März 2013. Das Verteidigungsministerium sah sich zu drastischen Kürzungen des Militärhaushalts gezwungen und strich sämtliche Termine der Blue Angels und Thunderbirds. Dennoch blieben die Blue Angels im Training und nutzten die Übungsräume im Umfeld ihrer Heimatbasis, nahmen an zahlreichen PR-Veranstaltungen teil und warben für den Dienst bei US Navy und US Marine Corps. Angesichts der ungewissen finanziellen Zukunft wurden für 2014 keine neuen Piloten ausgewählt. Kein halbes Jahr verging, dann verzogen sich die dunklen Wolken. Denn trotz Kürzungen (Stichwort »Sequestration) des Verteidigungshaushalts von 104 Mio. Dollar, betonten Pentagon und US Navy, dass es trotz aller Sparmaßnahmen wichtig sei, der Bevölkerung die Aufgaben und Fähigkeiten des Militärs zu präsentieren. Denn: Ein gutes Image und breite Unterstützung sind unerlässlich, wenn die US-Freiwilligenarmee weiterhin qualifiziertes Personal rekrutieren will.

Am 2. Juni 2016 stürzt Capt. Jeff Kuss (No. 6 Solo) bei einem Trainingsflug tödlich ab. Bis zur Klärung der Unfallursache wurden alle weiteren Flüge und Vorführungen abgesagt.

Im August 2018 flogen die militärischen Kunstflugteams der USA und Kanadas erstmals in einer gemeinsamen Formation. Blue Angels, Thunderbirds und Snowbirds waren für Auftritte in Cleveland (US-Bundesstaat Ohio) und Toronto gebucht und nutzten die Gelegenheit, sich über dem Lake Erie zu treffen. Während des 30-minüten Rendezvous übernahm jedes Team einmal die Führung. 2019 feiern die Blue Angels ihren 73. Geburtstag und fliegen seit 33. Jahren ihre (inzwischen bei Boeing gefertigten) F/A-18 Hornet A/B. Die Umrüstung auf F/A-18 Hornet C/D ist geplant.Voller Stolz verweisen die Blue Angels darauf, dass seit ihrer Gründung 1946 annähernd 500 Millionen Zuschauer ihre Vorführungen besucht haben.

Air Show – Flugschau

Präsentierten sich die Blue Angels zu Beginn ihrer Karriere meistens nur in der Vic-Formation (V-Form), so bieten ihre Air Shows inzwischen rund 30 verschiedene atemberaubende Formationen und waghalsige Manöver und dauern etwa 75 Minuten.

Traditionell veröffentlichen die Blue Angels jedes Jahr Anfang Dezember ihren Reiseplan für die kommende Saison. Dieser Reiseplan ist das Ergebnis monatelanger Arbeit. Kommunen, Flugplätze und Veranstalter von Flugtagen, die an einem Auftritt der Blues interessiert sind, müssen ihre Bewerbung beim Pentagon (Verteidigungsministerium) einreichen. Dort werden die Bewerbungen dahingehend begutachtet, ob die Veranstaltungen von Bedeutung und die erwarteten Zuschauerzahlen so groß sind, dass ein Auftritt der Blue Angels vertretbar ist. Im Pentagon wird aber auch darauf geachtet, dass sich die Kunstflugteams von USAF (Thunderbirds) und US Navy (Blue Angels) bei ihren Shows und damit bei der Werbung für ihre Waffengattung nicht ins Gehege kommen. Soll heißen, dass das Pentagon bei der Reiseplanung der Teams größten Wert darauflegt, dass sie nicht gleichzeitig in einem Radius von 150 bis 200 km auftreten und sich gegenseitig Konkurrenz machen.

Tage bevor die Show startet, landet die Lockheed Martin C-130T Hercules »Fat Albert« am Vorführungsort. Sie befördert Ersatzteile und Geräte, das fliegertechnische Personal, Medi-

3
2

ziner und Sanitätspersonal, Presse-Offiziere, Team-Manager – einfach alles, was die Blues für eine erfolgreiche Veranstaltung brauchen.

»Fat Albert« ist zwar Mitglied der Blue Angels, wird – wie seine Besatzung – traditionell jedoch nicht von der US Navy, sondern vom US Marine Corps gestellt. Unmittelbar für den Betrieb der »Fat Albert« stellte das US Marine Corps 2019 drei Piloten, zwei Lademeister und zwei Flugingenieure. Hin und wieder wird auch »Fat Albert« zum Bestandteil der Air Show und demonstrierte bis zum Ende der Saison 2009 (dann waren die ursprünglich für den Vietnamkrieg gefertigten JATOs aufgebraucht), dass diese monströse Maschine mit Hilfe von acht Starthilfsraketen sogar von unbefestigten und nur 800 m langen Pisten in knapp 15 Sekunden auf über 300 m steigen konnte. Je vier dieser Starthilfsraketen (Fachjargon »JATO« = Jet Assisted Take Off) waren rechts/links am Heckrumpf angeordnet.

Zwei bis drei Tage vor dem Show-Wochenende überführen die Blues ihre Hornets persönlich zum Veranstaltungsort und fliegen schon mal einige Runden und machen sich mit den lokalen Gegebenheiten vertraut. Der Freitag dient meistens für PR-Aktivitäten am Boden. Dabei stehen in erster Linie Besuche von Schulen und Universitäten auf dem Programm. Schließlich sind die Blue Angels ein wichtiges Rekrutierungsinstrument der US Navy.

Wie die Flugschau abläuft, ist von den aktuellen Wetterverhältnissen abhängig. Das komplette Programm verlangt klare Sicht: Horizontal vom Mittelpunkt des Flugfeldes mindestens 5500 m und eine Wolkenuntergrenze in rund 4300 m Höhe. Am tiefsten manövriert der Lead Solo beim »Sneak Pass« nur knapp 15 m über dem Erdboden. Schlechtes Wetter (Horizontalsicht rund 1000 m, Wolkenuntergrenze rund 500 m) zwingt zu einem reduzierten Programm.

Ein komplettes Programm beginnt traditionell mit dem Formationsstart von vier Flugzeugen, gefolgt vom Looping in »Diamond«-Formation und spektakulären Manövern der Solos wie »Opposing Knife Edge Pass« und »High Alpha Pass«. Zum »Fleur de Lis« erscheinen zunächst alle sechs Hornet in Formation, bevor sie sich zerstreuen und über dem Flugfeld gestaffelt gleichzeitig überfliegen. Ohne die extreme Leistungsfähigkeit der Hornet wäre die spektakuläre Air Show unmöglich.

In der Saison 2019 wollen die Blue Angels bei insgesamt 33 Air Shows erscheinen – beginnend am 16. März, endend am 8./9. November.

Besondere Aufmerksamkeit erregten die Blue Angels, als sie Ende April 2019 publikums- und werbewirksam bei der Airshow in MCAS (Marine Corps Air Station) Beaufort (US-Bundesstaat South Carolina) in gemeinsamer Formation mit der F-22 des Raptor-Demonstration-Teams der USAF erschienen.

Das Team

1946 mit nur drei Piloten gestartet, wurde das »Blue Angels«-Team im Laufe der Jahrzehnte immer wieder vergrößert und umfasst heute neben fünf regulären Piloten (Number 2 bis 6) und zwei Kommentatoren (Number 7 und 8), von denen Number 8 die Aufgaben eines »Event Coordinators« erfüllt. Als bewährter Waffensystemoffizier werden auch für Number 8 all' die Maßstäbe angelegt, die für die übrigen Team-Mitglieder (ausgenommen Number 1, der »Boss«) unabdingbare Voraussetzungen sind. Alle »blauen Engel« (Number 2 bis 6 und 8) dienen auf freiwilliger Basis und kehren nach zwei Jahren zu ihren Einsatzverbänden zurück, während der erste Kommentator (Number 7) nach einjähriger Tätigkeit als »Speaker« (bei Veranstaltungen erläutert er den Zuschauern die Flugmanöver) zwei zweitere Jahre im Team bleibt.

Pilotenbewerber müssen ein außergewöhnlich anspruchsvolles Auswahlverfahren bestehen. Neben außerordentlich hohen physischen und psychischen Belastungen müssen sie über eine Flugzeugträgerqualifikation verfügen, mindestens 1250 Flugstunden auf strahlgetriebenen Kampflugzeugen und überdurchschnittliche fliegerische Fähigkeiten nachweisen sowie optimale Charaktereigenschaften und einen ausgeprägten Teamgeist besitzen. Beim »Boss« (Number 1) wird die Messlatte noch höher angelegt! Er muss mindestens 3000 Flugstunden auf strahlgetriebenen Kampfflugzeugen nachweisen und eine Kampfstaffel kommandiert haben.

Bewerber erhalten Gelegenheit, das Team in der ersten Saisonhälfte zu besuchen, um sich ein Bild von der Tätigkeit bei den Blue Angels zu machen. Wer in die engere Wahl kommt, wird Mitte der Saison nach NAS Pensacola eingeladen und auf »Herz und Nieren« geprüft. Aber selbst, wenn die Bewerber für die Positionen Number 2 bis 7 alle Voraussetzungen erfüllen, liegt ihr »Schicksal« letztendlich in der Hand der übrigen Piloten: Sie wählen unter den Bewerbern die neuen Blues und diese Wahl muss einstimmig erfolgen!

Den »Boss« (Number 1) der bevorstehenden »Blue Angel«-Saison ernennt der für die Ausbildung der Marineflieger verantwortliche Befehlshaber (Chief of Naval Air Training).

Die Flugmanöver sind kompliziert und erfordern ununterbrochenes Training – Solo und im Team. Ersatzpiloten gibt es nicht. Sollte ein Pilot ausfallen (beispielsweise durch Krankheit) kann er unmöglich im Verlauf der aktuellen Saison ersetzt werden. In solchen Fällen muss eine Position leer bleiben und das Team mit »Lücke«

Das Team der Saison 2017/18. Durchschnittlich elf Millionen Besucher sehen jährlich ihre Air Shows. (Foto: National Museum of the U. S. Navy)

fliegen. Nur wenn der »Boss« (Number 1) ausfällt, bleibt das komplette Team am Boden.

Das Durchschnittsalter der Piloten liegt bei 33 Jahren. Seit 1946 haben fast 240 Piloten bei den Blue Angels gedient; 25 (Stand Mitte 2019) verloren ihr Leben. Den besonderen Geist und die Aufgaben seines Teams beschrieb der damalige Commander der Blue Angels, Stephen Ar. Foley, 2005 in einem Interview der deutschen Fachzeitschrift Flug Revue:

»Wir arbeiten in einem einzigartigen Umfeld, und es ist ein ziemlich stressiger Job. Angst darf keine Rolle spielen und wenn die Show losgeht, muss es auf Anhieb passen. Das Vertrauen kommt aus unserem Trainingsprogramm und der Gewissheit, dass jeder hier sein Bestes gibt.« Der Flugbetrieb des im Licht der Öffentlichkeit stehenden Teams erfordert auch »bodengestützte« Offiziere. Diese nicht fliegenden Offiziere sind verantwortlich für Bereiche wie beispielsweise Public Relations und Werbung, Verwaltungsaufgaben, Nachschub und Wartung und last but not least müssen jederzeit auch Ärzte und Sanitätspersonal zur Stelle sein. Schließlich sind die Blue Angels kein »fliegender Zirkus«, sondern für US Navy und US Marine Corps ein wichtiger PR- und Werbeträger. Sie sollen wehrfähige junge Männer und Frauen für den Dienst bei der US Navy rekrutieren, die Öffentlichkeit begeistern und die Voraussetzungen schaffen, dass Blue Angels im Ausland als Botschafter der USA auftreten. Während die Piloten nach zwei Jahren zu ihren Einsatzverbänden zurückkehren, dienen die »bodengestützten« Offiziere bis zu drei Jahre.

Allzu schnell wird übersehen, dass die Piloten – bildlich gesprochen – auf den Schultern des fliegertechnischen Bodenpersonals stehen. Es sind rund 100 hochqualifizierte Techniker, die erst die Voraussetzungen für die erfolgreichen Flugvorführungen schaffen. Etwa die Hälfte dieser Männer (und Frauen) begleitet die Piloten während der Saison zu den Air Shows. Es sind Monate voller Stress, denn täglich starten die Piloten mehrmals zu Trainingsflügen und ihre Maschinen müssen jederzeit startklar sein. 14-Stunden-Tage sind keine Seltenheit!

Stolz dürfen die Blues auch darauf verweisen, auch einen Astronauten in ihren Reihen gehabt zu haben: Fliegerarzt Charles »Chuck« Brady. Brady startete 1996 an Bord des Orbiters »Columbia« zum bis dahin längsten Flug eines Space Shuttle.

Seit Übernahme der Phantom II fliegen die Blues zwar überschallschnelle Flugzeuge, tragen jedoch keinen Anti-g-Anzug. Und dies, obschon sie bei den teils mit dem Siebenfachen der Erdanziehung geflogenen Manövern enorme Belastungen überstehen müssen. Sie verzichten auf diese speziellen Anzüge aus folgendem Grund: Steigen die g-Werte zu hoch, werden die Druckkammern des Anti-g-Anzuges automatisch aufgeblasen. Da die Piloten ihren Arm auf dem Bein aufliegen haben, würde das Aufblasen der Druckkammern unerwünschte Bewegungen verursachen. Bewegungen, die bei eng geflogenen Manövern und dem minimalen Abstand zwischen den Maschinen viel zu riskant und im wahrsten Sinn des Wortes lebensbedrohlich wären. Deshalb müssen die Blues lernen, die unvermeidlichen körperlichen Belastungen zu überwinden und ihren Arme so gegen den Oberschenkel abzustützen, dass eine starke Hebelwirkungen erzeugt und eine gleichmäßige, sichere Steuerführung möglich ist.

Oft sind die Cockpithauben und Flügelspitzen nur 45 cm voneinander entfernt – die Hornet wirken wie miteinander verschweißt. Kein anderes Kunstflugteam wagt engere Manöver! (Foto/Urheber: National Museum of the U. S. Navy)

Das Flugzeug

Am 8. April 1985 beauftragte die US Navy den Flugzeugbauer McDonnell Douglas (1997 von Boeing geschluckt) mit der Serienfertigung des neuen trägergestützten Mehrkampfflugzeuges F/A-18A Hornet (deutsch: Hornisse) und befahl im Februar 1986, ihre Kunstflugstaffel mit diesem Typ auszurüsten. Als Erstausstattung erhielten die Blue Angels neun Vorserienmaschinen, und zwar acht Einsitzer F/A18A und einen Doppelsitzer F/A-18B. Diese Maschinen wurden unbewaffnet ausgeliefert und waren nicht für Trägereinsätze eingerichtet. Stattdessen wurden sie mit einem Behälter ausgestattet, aus dem – zur Erzeugung von Rauchfahnen – biologisch abbaubares Paraffinöl bei laufenden Triebwerken in die Schubdüsen eingespritzt werden kann und die Pilotensitze erhielten ein spezielles, besonders starkes Gurtzeug.

Mittlerweile (Stand Frühjahr 2019) betreiben die Blue Angels zehn, für die Air Shows optimierte F/A-18A sowie zwei F/A-18B für VIP- und Presseflüge. Beide Versionen sind mit Fanghaken für Trägerlandungen ausgerüstet.

Im Konfliktfall können die Hornet der Blue Angel in etwa 72 Stunden für Kampfeinsätze umgerüstet, bewaffnet und mit einem Tarnanstrich versehen werden.

Gemäß offizieller und aktueller Darstellung der Blue Angels kostet eine Hornet ungefähr 21 Millionen Dollar.

Angeblich ist geplant, die Blues in den Jahren 2021/22 auf die weiterentwickelte F/A-18E/F Super Hornet umzurüsten.

Gemäß einen von Lieutenant Bob Rasmussen gestalteten Design tragen die Flugzeuge seit 1957 an der Rumpfunterseite einen in Flugrichtung weisenden goldfarbigen Pfeil und ein vom Cockpit bis zwischen das leicht nach außen geneigte Doppelseitenleitwerk reichendes goldfarbiges Band. An den Flügelunterseiten prangt »US Navy«, unterhalb des Cockpits »Blue Angels«, am Vorderrumpf das Wappen des Teams und am Seitenleitwerk die dem Flugzeug innerhalb der Staffel zugewiesene Nummer.

F/A-18A Hornet	
Hersteller	McDonnell Douglas/Boeing
Typ	Mehrzweck-Kampfflugzeug
Spannweite	11,43 m
Länge über alles	17,07 m
Höhe über alles	4,66 m
Triebwerk	zwei Turbofans General Electric F404-GE-400
Triebwerkleistung	je ca. 71,2 kN
Leermasse	10.455 kg
max. Startmasse	22.328 kg
Höchstgeschwindigkeit	Mach 1,8+ (Horizontalflug)
Dienstgipfelhöhe	ca. 15.240 m
Steigleistung	9144 m/min
max. Überführungsreichweite	3700 km ohne Außentanks

»Reflection Pass« (Spiegelbild) ein spektakuläres Manöver der Solo-Piloten.

VEREINGTE STAATEN VON AMERIKA **THUNDERBIRDS**

Mutig und stolz ihrem 70. Geburtstag entgegenfliegend, sind die Thunderbirds (als »T-Birds« weltberühmt) nicht nur eines der ältesten, sondern zweifellos auch eines der besten Präzisionsflugteams der Welt. Während ihre offiziell-militärische Bezeichnung »United States Air Force Demonstration Squadron« wohl nur wenigen Insidern geläufig ist, geraten die Liebhaber des Formationskunstfluges geradezu ins Schwärmen, wenn ihr Name fällt bzw. das Erscheinen der »Donnervögel« bei einer Air Show angekündigt wird.

Als »Vorführmannschaft« der US Air Force ist es »Mission« der Staffel, eine breite Öffentlichkeit durch ihr fliegerisches Können und die Leistungsfähigkeit ihrer Flugzeuge zu begeistern, junge Amerikaner für den Dienst in der Luftwaffe zu begeistern und zu rekrutieren, die Moral der »dienenden« Men and Women in Uniform zu stärken und durch ihre »Good Will Touren« auch im Ausland als würdige Botschafter der Vereinigten Staaten von Amerika aufzutreten und die Fähigkeiten des USAF-Personals und ihrer Hochleistungsflugzeuge zu demonstrieren.

Ihr rot-weiß-blauer Anstrich und der Donnervogel auf der Rumpf- und Flügelunterseite, verleihen den Maschinen der T-Birds ein ganz spezielles Erscheinungsbild.

Das Flugprogramm beeindruckt durch äußerste Präzision. Manöverwechsel dauern maximal 30 Sekunden.

eine oder vielleicht sogar zwei Maschinen durch technische Defekte auszufallen drohen.

Fliegerisches Können und extreme körperlich-geistige Belastbarkeit bewiesen die Piloten beispielsweise als sie 1967 nach ihrer letzten Vorführung auf der Pariser Luftfahrtschau zum Nonstop—Flug nach Colorado Springs starteten, um dort im Rahmen der Abschlussfeierlichkeiten der Air Force Academy ihr »Display« zu zeigen. Ihr Flug führte über eine Strecke von rund 11.300 km und dauerte fast 14 Stunden. Siebenmal mussten die Maschinen in der Luft betankt werden – siebenmal mit äußerster Konzentration an das große Tankflugzeug heranpirschen, die Tanksonde aufnehmen und trotz wilden Turbulenzen minutenlang mit dem Tanker verbunden bleiben. Siebenmal ein fliegerisches Meisterstück!

Das Ende der Saison 1968 beendete auch die Verbundenheit der T-Birds mit den Super Sabre – nach 13 Jahren und 1111 Vorführungen. Auch der neue Typ – F-4E Phantom II – ist doppeltschallschnell und ein Schwergewichtler. Anfängliche Befürchtungen, die neuen Maschinen seien nur bedingt kunstflugtauglich, bewahrheiten sich nicht und einige Nachteile (Gewicht, Größe) werden durch die ungeheuren Leistungsreserven wettgemacht. Natürlich mussten die Phantom für die Einsätze mit den T-Birds abspecken und »entwaffnet« werden.

1971 wurde zu einem besonders erfolgreichen Jahr. Bei ihrer Europa-Tour bereisen die Donnervögel in einem Monat Spanien, Frankreich, Dänemark, Deutschland, Belgien, Italien und erscheinen auch im nordafrikanischen Marokko. Alle Begeisterung der Zuschauer kann jedoch nicht darüber hinwegtäuschen, dass die Phantom inzwischen veraltet, ihr Betrieb zu kostenintensiv und leider auch nicht mehr optimal für den Kunstflug geeignet ist. Den endgültig letzten Anstoß zum Flugzeugwechsel gibt schließlich die Energiekrise, auf deren Höhepunkt die USAF 1974 den Ersatz der Phantom durch den Strahltrainer T-38A Talon befiehlt. Aerodynamisch günstig und schnittig gestaltet, schneller als der Schall, wendig und kostengünstig zu betreiben, erschien die Talon als ideale Kunstflugplattform. Sie war nicht so durstig wie die Phantom (in der Formation schluckte eine Phantom so viel Kraftstoff wie fünf Talon!) und ihre Wartung erforderte weniger Personal und Material.

Es gab aber auch negative Stimmen. Dass die Talon nicht in der Luft betankt werden konnte und große Entfernungen nun mit Zwischenlandungen überbrückt werden mussten, hatte die USAF-Führung bewusst in Kauf genommen. Allerdings hatte niemand damit gerechnet, dass die kleine Talon bei den Flugvorführungen nicht die gewünschte optische Wirkung erzielen konnte. Obschon die T-Birds ihr dynamisch-aggressives Programm beibehielten, war die optische Wirkung auf die Zuschauer unbefriedigend. Die winzigen Flügel der Talon erweckten den Eindruck, die Formation fliegen mit zu großen Abständen. Schließlich gewöhnten sich die Zuschauer aber auch daran. Denn andererseits begeisterte die Talon durch außerordentliche Wendigkeit, bewies phänomenale Rollgeschwindigkeit und ausgezeichnete Kurveneigenschaften.

Tragödie und Neustart

Nach acht Jahren weicht die Talon der einstrahligen, doppeltschallschnellen F-16A Fighting Falcon, dem neuen modernen Standardjäger der USAF. Das Ende ihrer Karriere überschattet ein tragisches Unglück im Januar 1982, als der Leader beim Morgentraining nach einem Looping durch Fehleinschätzung seiner Höhe mit der geschlossenen Formation in den Boden rast.

Unter dem Eindruck dieser Tragödie ist die Existenz der T-Birds ernsthaft gefährdet und Wochen vergehen, bis die Luftwaffenführung in Washington D.C. entscheidet, dass die Donnervögel mit der F-16A weiterleben dürfen.

Nachdem sie am 22. Juni 1982 auf Nellis AFB ihre F-16A übernommen haben, erscheinen die T-Birds im Oktober 1982, kurz vor Abschluss der regulären Saison, erstmals wieder in der Öffentlichkeit. Sie fliegen von Erfolg zu Erfolg und reisen 1987 erstmals in die Volksrepublik China. 1992 übernahmen die Donnervögel mit der F-16C Fighting Falcon den leistungsfähigsten Jäger, den der Flugzeugbauer Lockheed Martin zu bieten hatte.

Fünf Jahre später begeht die USAF ihr fünfzigjähriges Bestehen und die T-Birds erscheinen in dieser Saison bei 57 Veranstaltungen vor mehr als 12 Millionen Zuschauern. Auf einer Sondermarke der US-Post zu Ehren der USAF sind die T-Birds in Delta-Formation dargestellt. Feierlich der Öffentlichkeit vorgestellt wird diese Briefmarke am 18. September 1997 im Pentagon und im Hangar der T-Birds auf Nellis AFB. Amerikanische Fernseh-Geschichte schrieben die T-Birds 2003, als ihr Commander/Leader aus dem Cockpit seiner No. 1 das 600-Meilen-Rennen »Coca-Cola 600« auf dem Charlotte Motor Speedway (North Carolina) mit den Worten startete: »Gentlemen, start your engines.«

In der Saison 2007 erschienen die Donnervögel im Rahmen ihrer »European Good Will«-Tour erstmals am Himmel über Europa und präsentierten ihr Flugprogramm in Polen, Rumänien, Bulgarien, Italien, Frankreich, Großbritannien und Irland.

In der Saison 2008 blieben die T-Birds in den USA und in Kanada. Zum 400. Geburtstag der Stadt Quebec gratulierten sie im Rahmen eines zeremoniellen Überflugs gemeinsam mit den kanadischen Snowbirds, den britischen Red Arrows und ihren USAF-Kameraden, den Blue Angels. 2009 besuchten die T-Birds auf ihrer fünften Fernostreise Hawaii, Australien, Thailand, Guam, Malaysia, Japan und Südkorea. Insgesamt absolvierte das Team 2009 70 Air Shows in 22 Staaten. Hatten die T-Birds nach Abschluss der Saison 2003 mit einer begeisternden Air Show auf Nellis AFB noch ihren 50. Geburtstag feiern können, so war der 60. Jahrestag 2013 überschattet von den drastischen Kürzungen (Stichwort »Sequestration) des Verteidigungshaushalts und dem daraus resultierenden Flugverbot. Bereits wenige Stunden nach der endgültigen Betätigung der »Sequestration« hatte die USAF am 1. März 2013 klargestellt, dass es zumindest bis Ende des Haushaltjahres (31. September) keine Teilnahme an Flugtagen, keine Überflüge oder sonstige Unterstützungen von Veranstaltungen geben dürfte. Darüber hinaus strich die USAF nach nur zwei Vorführungen die komplette Saison der T-Birds ab 1. April 2013. Offiziell hieß es: »Die Piloten der T-Birds … werden ihre Zulassungsprozeduren für sichere Vorführungen noch abschließen, für den Fall, dass das Budget eine Wiederaufnahme des geplanten Programms 2013 erlaubt…« Die USAF sah sich gezwungen, im zweiten Halbjahr 2013 etwa 18 Prozent ihrer etwa 203.000 Flugstunden der Verbände zu streichen, die nicht für Atombombenmissionen bereitstehen müssen oder in Afghanistan im Einsatz sind bzw. sich auf die Verlegung dorthin vorbereiten.

Wie auch bei den Blue Angels können Pentagon und USAF aber schließlich trotz aller Sparmaßnahmen nicht auf die T-Birds verzichten. Denn: Ein gutes Image und breite Unterstützung durch die Bevölkerung sind unerlässlich, wenn die US-Freiwilligenarmee für ihre Luftstreitkräfte weiterhin qualifiziertes Personal rekrutieren und der Bevölkerung die Aufgaben und Fähigkeiten des Militärs präsentieren will.
Am 2. Juni 2016 erschienen sechs Fighting Falcon der T-Birds erneut zur Abschlussfeier der USAF Academy in Colorado Springs. Als sie nach geglückter Vorführung auf der Peterson AFB (Colorado Springs Municipal Airport) zur Landung ansetzten geschah es: Bei Major Alex Turners Maschine ging der Schubhebel ohne Einwirkung des Piloten bis zur Abschaltposition (Cutoff Position) zurück, sodass die Drehzahl ohne Zündung und Kraftstoffzufuhr abfiel. Folglich sank die Fighting Falcon auf 620 m über Grund und war bei 410 km/h für einen Neustart zu niedrig und auch ein Gleitflug zur Landung war nicht mehr möglich. Major Turner steuerte seine Maschine noch von einigen Häusern weg, löste bei 275 km/h in 80 m Höhe den Schleudersitz aus und landete unversehrt, während seine Maschine auf einem Feld aufschlug. Die folgenden Unfalluntersuchungen der unbeschädigt sichergestellten Schubhebelkonsole ergaben, dass der federbelastete Sicherungsstift des Schubhebels in gedrückter Position feststeckte, also den Weg bis zur Abschaltposition freigab. Bei der Demontage der Schubhebelkonsole wurden erhebliche Wartungsmängel erkannt…

Anlässlich des französischen Nationalfeiertags am 14. Juli 2017 und zum Gedenken an den Eintritt der USA in den Ersten Weltkrieg 1917, nahmen die T-Birds an der traditionellen Luftparade teil. Am Boden verfolgte Präsident Trump als französischer Staatsgast den Überflug.

Im August 2018 flogen die militärischen Kunstflugteams der USA und Kanadas erstmals in einer gemeinsamen Formation. Blue Angels, Thunderbirds und Snowbirds waren für Auftritte in Cleveland (US-Bundesstaat Ohio) und Toronto gebucht und nutzten die Gelegenheit, sich über dem Lake Erie zu treffen. Während des 30-minüten Rendezvous übernahm jedes Team einmal die Führung.

So dienen die T-Birds Jahr für Jahr mit ihrem Ansehen, Anerkennung, ihrer Professionalität und ihren spektakulären Flugvorführungen als Werbeträger für die Luftstreitkräfte der US Air Force und als Botschafter der Luftfahrtfahrtindustrie ihrer Heimat.

Die Thunderbirds aktuell

Alle Angehörigen der US-Streitkräfte sind Freiwillige – auch die Thunderbirds; offiziell: U.S. Air Force Air Demonstration Squadron. Von ihren acht Piloten präsentieren sechs das Flugprogramm, während die beiden anderen als Team-Manager und Presseoffizier dienen. Hinzu kommen Team-Manager und Presse-Offiziere, Zivilisten für administrative Aufgaben, fliegertechnisches Personal, Fliegerarzt, Sanitätspersonal – insgesamt mehr als 130 »Men and Women in Uniform«. Die Männer und Frauen der Ground Crew müssen mindestens drei Dienstjahre bei einer USAF-Einheit nachweisen und verbleiben – sofern sie die praktischen und mündlichen Prüfungen bestehen – drei bis vier Jahre bei den T-Birds.

Die Display-Saison dauert von März bis November, sodass den T-Birds – in der Luft und am Boden – nur die Wintermonate für Training und Einarbeitung des neuen Programms bleiben.

Abhängig von der aktuellen Wetter- und Luftlage, umfasst das Flugprogramm ungefähr 40 Flugfiguren, ist ein Mix aus Formationskunstflug und Solo-Manövern und dauert insgesamt etwa 75 Minuten. Je Saison fliegen die T-Birds maximal 80 Vorführungen. Für die am 3. Februar startende Saison 2019 waren 36 Veranstaltungen mit insgesamt »nur« 64 Flugvorführungen geplant. Als diese Zeilen geschrieben wurden war die Planung für 2020 ähnlich: 34 Veranstaltungen mit insgesamt ebenfalls 64 Flugvorführungen.

Als berühmte »Visitenkarte« der T-Birds gilt ihre von vier Maschinen im engsten Verband geflogene »Diamond«-Formation. Zahlreiche andere waghalsige Formationen demonstrieren den außerordentlich hohen Ausbildungsstand der USAF-Piloten und die Leistungsfähigkeit ihrer Flugzeuge. Zu ihrem Basis-Programm gehören acht verschiedene Formationen: »Diamond«, »Delta«, »Stinger«, »Arrowhead«, »Line-Abreast«, »Trail«, »Echelon« (Staffelung zur Seite; rechts oder links), »Five-Card« (ergibt sich aus dem Bild der Spielkarte 5). Alle Formationen werden bei Geschwindigkeiten von 720 bis 800 km/h durchgeführt, während die Solos 800 bis 1130 km/h erreichen.

Amerikas »Botschafter in Blau«

Das Demo-Team der Saison 2019 bilden sechs Offiziere:

- No. 1 Jet: Lt. Col. John Caldwell, Commander/Leader;
- No. 2 Jet: Major Will Graeff, Left Wing Pilot;
- No. 3 Jet: Captain Michael Brewer, Right Wing Pilot;
- No. 4 Jet: Major Whit Collins, Slot;
- No. 5 Jet: Major Matt Kimmel, Lead Solo;
- No. 6 Jet: Captain Michelle Curran, Opposing Solo.

Die Mannschaft der T-Birds ist einem steten Wechsel unterworfen. Alle Piloten kommen aus den Einsatzverbänden der USAF. Ihre Zugehörigkeit zum Team ist offiziell auf zwei Jahre begrenzt. Einer der Gründe für die befristete Tätigkeit erklärt sich dadurch, dass die Piloten bei den T-Birds ihrem eigentlichen Aufgabenbereich als Kampfflieger entfremdet werden. Es sind zwar hochqualifizierte Piloten, die ihr Können täglich im Formationsflug beweisen, aber sie haben keine Praxis mehr im Umgang mit dem Flugzeug als Waffenplattform.

Ein weiterer Grund für die Begrenzung der Dienstzeit bei den T-Birds ist, dass man möglichst vielen Piloten die Möglichkeit bieten möchte, bei den T-Birds zu fliegen. Dies hat den positiven Effekt, dass ihr allgemeiner Ausbildungsstand höher wird, weil nur hochqualifizierte Piloten erwarten dürfen, einmal in das Team aufgenommen zu werden.

Jährlich bewerben sich mehr als 300 Piloten um freiwerdende Positionen. Dabei muss jeder Bewerber mehr als 1000 Flugstunden in Hochleistungsflugzeugen aufweisen, ein außergewöhnliches fliegerisches Können beweisen und eine entsprechende Beurteilung seines Geschwaders vorlegen können. Aus dem Kreis der Bewerber kommen nur ungefähr 16 Offiziere in die engere Wahl. Sie begleiten das Team während des Auswahlverfahrens bei einer Vorstellung in der laufenden Saison, um sie mit den Reisebedingungen und den hohen Anforderungen vertraut zu machen. Die »alten« Teammitglieder nutzen die Gelegenheit, die Fähigkeiten und den Charakter der potentiellen Thunderbirds-Piloten zu begutachten. Schließlich wählte der Commander/Leader fünf bis acht Finalisten aus und lädt sie zum persönlichen Vorstellungsgespräch und zur intensiven ärztlichen Untersuchung nach Nellis AFB ein. Als letzte Hürde stehen den angehenden Demo-Piloten nun einige Bewertungsflüge in der zweisitzigen F-16D bevor, wobei sie ihr Können im Formationsflug und grundlegenden Luftkampfmanövern beweisen müssen. Gestützt auf die Empfehlungen des Commander/Leader trifft letztendlich der Befehlshaber des Air Combat Command die endgültige Auswahl.

Für die neuen T-Birds öffnet sich nun eine neue Welt. Die lange Saison und die zahlreichen Einsätze fordern eine außerordentlich hohe Einsatzbereitschaft. Da während der Saison keine Ersatzpiloten verfügbar sind, sind den Piloten verletzungsgefährdende Aktivitäten (z. B. Skifahren) verboten.

Um das Team nicht alle zwei Jahre neu einarbeiten zu müssen, hat sich die Führung der T-Birds entschieden, die Mitglieder des sechsköpfigen Demo-Teams zu unterschiedlichen Zeiten zu entlassen. Dieses bietet die Möglichkeit, den neuen Piloten durch seinen Vorgänger einzuarbeiten. Der Neue lernt seine Aufgabe so am besten kennen, wird mit Schwierigkeiten und Tücken vertraut, lernt also aus den Erfahrungen seines Vorgängers, lange bevor erst selbst erstmals im Verband fliegen darf. Erst wenn der neue Pilot eingearbeitet ist, scheidet sein Vorgänger aus. Ein nicht hoch genug einzuschätzendes Gefühl der Sicherheit gibt dem Neuen auch das Wissen, dass bei den Vorführungen mindestens drei erfahrene Kameraden an seiner Seite fliegen.

Im Konfliktfall würden die T-Birds in einen auf Nellis AFB stationierten Kampfverband der USAF eingebunden. Ihre Jets sind nur geringfügig modifiziert und folgerichtig wäre das Team in weniger als 72 Stunden als vollwertiger militärischer Verband einsatzbereit.

Bei aller Begeisterung für die waghalsigen Piloten, dürfen die Männer und Frauen der Ground Crew nicht vergessen werden. Alle Angaben über die Zahl der besuchten Air Shows und die Flugprogramme sagen nichts aus über die Arbeiten des fliegertechnischen Personals. Hinter dem stolzen Bekenntnis dieser Männer und Frauen: »Seit Bestehen der T-Birds ist keine Vorführung aus wartungstechnischen Gründen ausgefallen.«. Auf ihren Tourneen werden die T-Birds von rund zwei Dutzend technischen Spezialisten, die sogenannten »Showline«, begleitet. Ohne die Leistungen dieser Männer und Frauen wäre der reibungslose Ablauf der Vorführungen unmöglich. Jeder F-16 ist ein Crew Chief und ein Assistant Crew Chief zugeteilt. Sie begleiten »ihre« Maschinen und »ihren« Piloten während der ganzen Saison und sind verantwortlich dafür, dass die F-16 stets einsatzbereit sind. Kein einfacher Job, denn nicht selten müssen zusätzliche nächtelange Arbeiten erledigt werden, wenn eine oder vielleicht sogar zwei defekte Maschinen bis zur nächsten Flugschau oder dem nächsten Überführungsflug wieder flugklar gemacht werden müssen. Die USAF zahlt nicht für Überstunden und es ist auch nicht jedermanns Sache, während der monatelangen Saison aus einem Koffer leben, auf fremden Stützpunkten zu arbeiten und dabei in der Öffentlichkeit stets wie aus dem Ei gepellt erscheinen zu müssen– und Sonderzulagen für Reisespesen gibt es nicht.

Auch die Männer und Frauen der Ground Crew gehören zur technischen Elite der USAF. Um Mitglied der T-Birds zu werden, müssen auch sie ein anspruchsvolles Auswahlverfahren bestehen. Ihre Dienstzeit bei den Donnervögeln beträgt drei bis vier Jahre.

Die »Arbeit« der Demo-Piloten ist nicht auf Training, Flugvorführungen und Überführungsflüge zu immer neuen, oft weit entfernten Veranstaltungen begrenzt. Meistens beginnt ihre Öffentlichkeitsarbeit bereits nach Ankunft am Display-Ort. Nicht nur ihrem fliegerischen Können, auch ihrem gesellschaftlichen Auftreten, ihrer Haltung und ihrem Charakter als »America's Ambassadors in Blue« wird allergrößte Bedeutung beigemessen. Sie besuchen Schulen, Krankenhäuser und Bürger-Organisationen, müssen Autogramme schreiben, vital, locker und gelöst wirken und Hunderte von Händen schütteln. Während sie im »Rampenlicht« stehen, bereitet die Ground Crew die Jets für die Aufführungen vor. Die Behälter der Rauchanlagen werden gefüllt, alle Systeme der F-16 noch einmal geprüft und die Maschinen auf Hochglanz poliert.

Das Flugzeug

Anfang der 1970er-Jahre auf Ersuchen der USAF von den Flugzeugbauern General Dynamics und Northrop eigentlich nur »studienhalber« als kleiner, leichter, preiswerter Abfangjäger mit überlegenen Manövriereigenschaften konzipiert, mauserte sich die fixe Idee eines Leichtbaujägers schließlich zur F-16 Fighting Falcon – einem der ausgereiftesten, vielseitigsten und schlagkräftigsten Mehrzweck-Kampfflugzeuge unserer Zeit. Ursprünglich von General Dynamics und seit 1993 von Lockheed Martin seriengefertigt, dienen »Jagdfalken« auch noch rund vier Jahrzehnte nach ihrer Geburt – immer wieder kampfwert- und leistungsgesteigert – in großer Zahl bei mehr als zwei Dutzend Luftstreitkräften rund um den Globus.

Die F-16 ist ein Mitteldecker, bei dem die Flügel mit dem Rumpf förmlich verschmelzen – so aerodynamisch rein sind die Übergänge gestaltet. Ihre Konstruktion beruht auf der harmonischen Verbindung des Auftrieb erzeugenden Tragwerks (wing body) mit den Auftrieb erzeugenden Flügeln und dem Höhenleitwerk. Die kurzen, rückwärts gepfeilten Flügel erzeugen wirbelzopfartige Strömungen und bewirken gemeinsam mit automatisch betätigten Vorflügeln optimale Auftriebverhältnisse. Die F-16 kann enge Kurven mit bis zu 9 g fliegen, was zur Zeit ihrer Indienststellung einzigartig war.

Dank dem bei ihr weltweit erstmals serienmäßig eingebauten »Fly by Wire«-Steuersystem, benötigt die F-16 keine konventionelle Hydraulik. Stattdessen ist ihr Steuerknüppel unmittelbar elektronisch mit dem Bordcomputer vernetzt. Steuerbefehle werden also nicht mehr durch Seile und Gestänge, sondern durch elektronische Signale über dünne Kupferdrähte übertragen. »Fly by Wire« ist nicht nur sehr viel präziser und leichter, sondern auch weniger störungsanfällig.

Die F-16 erwies sich nicht nur für Kampfgeschwader, sondern auch für die T-Birds als optimale fliegende Plattform. Die blasenförmige Cockpithaube (bubble canopy) bietet hervorragende Rundumsicht und der um 30 Grad rückwärts geneigte Schleudersitz lässt die Piloten die hohen G-Belastungen im engen Kurvenflug leichter ertragen. Gesteuert wird die F-16 mit einem Mini-Steuergriff, der auf der rechten Seitenkonsole installiert ist und eine bequeme Hand- und Armauflage ermöglicht.

1992 übernahmen die Donnervögel mit der F-16C den leistungsfähigsten Fighting Falcon, den Lockheed Martin damals zu bieten hatte. Natürlich unterscheiden sich die F-16C der Donnervögel von den Fight Falcon der Einsatzverbände. Zur Gewichtsersparnis und um Raum für die Ölbehälter der Rauchanlagen zu gewinnen, wurden Thunderbird-Maschinen »entwaffnet« und im Cockpit zusätzliche Instrumente für den Betrieb der Rauchanlagen installiert.

F-16C Fighting Falcon	
Hersteller	Lockheed Martin
Typ	Mehrzweck-Kampfflugzeug
Spannweite	9,80 m
Länge	14,80 m
Höhe	4,80 m
Triebwerk	ein Mantelstromtriebwerk Pratt & Whitney F100-PW-200
Triebwerkleistung	106 kN (mit Nachbrenner)
max. Startmasse	16.875 kg
Höchstgeschwindigkeit	Mach 2 in 12.190 m Höhe im Horizontalflug
Dienstgipfelhöhe	15.000 m
Überführungsreichweite	max. 3800 km
Zellenbelastung	+9/-3 g